KB038202

꿈의
바다목장

꿈의 바다목장_ 인류의 미래, 바다 살리기 프로젝트

2010년 1월 11일 초판 1쇄 발행
지은이 명정구, 김종만

펴낸이 이원중 책임편집 조현경 디자인 이유나
펴낸곳 지성사 출판등록일 1993년 12월 9일 등록번호 제10 – 916호
주소 (121 – 829) 서울시 마포구 상수동 337 – 4 전화 (02) 335 – 5494~5 팩스 (02) 335 – 5496
홈페이지 www.jisungsa.co.kr 블로그 blog.naver.com/jisungsabook 이메일 jisungsa@hanmail.net
편집주간 김명희 편집팀 조현경, 김재희, 김찬 디자인팀 이유나, 박선아 영업팀장 권장규

ISBN 978 - 89 - 7889 - 211 - 7 (04400)
ISBN 978 - 89 - 7889 - 168 - 4 (세트)

이 도서의 국립중앙도서관 출판시도서목록(CIP)은 e-CIP 홈페이지(http://www.nl.go.kr/ecip)에서
이용하실 수 있습니다. (CIP제어번호: CIP2009004131)

꿈의 바다목장

인류의 **미래**, 바다 **살리기** 프로젝트

명정구
김종만 지음

차례

여는 글: 바다, 인류 최후의 보고

삼면이 바다인 우리나라에서 바다는 육지보다 훨씬 넓은 면적을 차지하는 중요한 곳이다. 40억 년 전 지구에 물이 생겨난 이래 바다는 생명의 원천이 되어 왔고, 인류에게 식량을 포함한 다양한 자원을 공급해 왔다. 지구는 증가하는 인구 문제에 대처하기 위해 더 많은 식량을 생산해야 하지만, 현재와 같은 육상의 농업이나 목축업 생산만으로는 인구 증가로 인한 식량 소비 증대 속도를 따라갈 수 없다. 그러므로 우리는 광대한 바다로 눈을 돌려야 한다.

바다의 면적은 약 3억 6천만 제곱킬로미터로 지구 전체 면적의 약 70퍼센트를 차지하며, 그곳에 살고 있는 수

많은 바다생물은 매년 자연 번식을 반복해 재생산이 가능한 자원이다. 그러나 대량 어획, 해양오염, 지구의 기후 변동 등으로 바다의 생물자원이 점점 감소하면서 인류의 마지막 식량 보고寶庫인 바다에도 비상이 걸렸다.

1992년 6월, 지구환경 생태 보호를 위해 유엔환경개발회의UNCED와 각국 민간단체를 중심으로 '리우 회의'가 열렸다. 이 회의를 통해 「생물다양성보전협약」이 서명·발효되면서, 생물자원 확보라는 국가 이익과 함께 자국의 생태 환경보호가 강조되고 있다. 지구 전체의 바다생물 생산량을 획기적으로 증대시키고 그 생산력을 유지하기 위하여 새로운 개념의 바다목장marine ranch이 필요해졌다. 결국 생물자원과 지구환경을 보호함으로써 모든 생명체와 함께 인류의 생존 문제를 해결해야 할 시대를 맞게 된 것이다. 미국의 케네디 대통령이 "우리가 바다를 알고자 하는 것은 단순한 호기심 때문이 아니라 그곳에 우리의 생존이 달려 있기 때문이다"라고 한 말이 가슴에 와 닿는 시대가 되었다.

1960~1970년대 잡지와 영화에 상상 속 바다목장이 소개되고는 하였다. 〈새소년〉, 〈소년세계〉 등 어린이 잡지에

는 돌고래가 무전기를 차고 고등어, 다랑어, 도미 등 다양한 어류를 관리하는 바다목장의 상상도가 소개되었다. 또 쥘 베른Jules Verne의 소설을 영화화한 「해저 2만리」가 국내에 상영되었는데, 뿔 달린 물고기를 닮은 잠수함노틸러스 호이 배를 공격해 침몰시키는 장면이나 바다 속에서 여러 가지 생물을 키워 자급자족하는 내용이 인상적이었다.

영화나 책에서 직간접으로 표현된 바다목장은 상상 속에 존재하는 기술들을 이용하여 바다에서 식량자원을 포함한 모든 것을 얻는다는 개념이었다. 영화에서 "바다 속에는 모든 것이 다 있다"라는 네모 선장의 말은 21세기 해양의 시대를 맞이하는 지금을 예고하고 있었던 것이다.

그 외 바다를 대상으로 만든 기록 영화 중에는 프랑스 탐험가인 쿠스토J.Y.Cousteau가 1950년대에 만든 「태양이 닿지 않는 세계」를 비롯하여 「해저의 생과 사」, 「백상어」 등이 있다. 이런 해양 관련 다큐멘터리나 영화들은 1960년대에 국내에 소개되어 청소년들에게 바다에 대한 꿈과 호기심을 심어 주었다.

이 책에서 소개하는 바다목장 사업은 내가 어릴 적부터 상상 속에서 키워 온 수중 세계를 국가적 사업으로 진행하면서 얻고 느낀 결과다. 어쩌면 현실과 꿈의 차이에서 오는 아쉬움에 대한 기록인지도 모른다.

바다 속의 질서를 이용하려는 연구 사업이 지난 1970년대부터 추진해 온 인공어초 사업, 치어 방류 사업과 같은 자원 조성 사업의 일부분으로 흡수되어, 1994년부터 한국해양연구원이 추진해 온 바다목장이란 실체는 없어졌는지도 모른다. 지난 십여 년간의 연구들은 풍요로웠던 과거의 우리 바다를 그리면서 인간의 입장에서 조심스럽게 접근해 보았던 바다 속 가꾸기 연구였는지도 모른다. 즉, 바다목장 사업은 많은 분야별 전문가와 함께 바다생물의 행동, 생태학적 특성들을 포함하는 다양한 자연 과학적인 지식과 기술들을 바다 속에서 찾으려 하였던 시도였다.

바다목장 사업의 발자취를 돌아본 이 책을 통해 청소년들이 바다에 대한 꿈과 희망을 품는 기회가 되었으면 한다.

2009년 12월

명정구, 김종만

바다목장이란

'바다목장이란 무엇인가요?' 라는 질문을 많이 받는다. 바다목장이란 옛 선조들이 만났던 풍요로운 바다가 아닐까? 즉, 무한한 자원을 가지고 있을 것으로 믿어 왔던 그 생명이 넘치는 곳 말이다. 바다목장을 만들어야 한다는 말은 지금의 바다가 옛 선조들이 누렸던 바다와는 다르다는 것을 말한다. 풍요로운 바다란 어떤 바다를 말하는 것이며, 또 어떻게 하면 그런 바다로 만들 수 있을까?

바다의 목장은 초원의 목장과는 다르다. 땅 위의 목장은 일정한 시설을 갖춰 소나 말, 양 따위에게 사료를 먹여 기르면서 필요할 때 가축으로부터 고기나 우유를 얻는다. 바다목장은 땅 위의 목장과는 달리 울타리를 칠 수 없으

수중 생물들과 즐거운 시간을 가질 수 있는 호주의 산호초 해역

며, 사료를 매일 주기도 쉽지 않다. 그러나 바다의 특성을 잘 이해하여 사람들이 언제든지 쉽게 물고기, 소라, 전복 등 필요한 생물을 잡을 수 있도록 인위적으로 관리하는 곳이라면 바다목장이라고 불러도 되지 않을까?

바다목장이란 바다의 자연적인 생태를 정확히 파악한 다음 물고기가 살 수 있는 장소를 마련해 주고, 더 많은 물고기가 살 수 있게 하는 연구 결과를 바탕으로 우리들에게 필요한 자원의 생산성을 최대로 높여 그 바다를 지

바다목장 연구가 진행된 떠 있는 실험실, 통영 해상기지

역 어민과 지방자치단체가 스스로 관리하도록 하는 종합적인 체제를 구축하는 사업을 지칭한다.

과연 바다 속에서 물고기들과 어울려 놀 수도 있고 필요할 때 필요한 만큼의 자원을 얻을 수 있는 바다목장은 정말 가능한 것일까?

_ 바다목장이 만들어진 배경

지난 세기 우리나라 연근해의 바다생물자원이 환경오염과 지나친 남획 등으로 급격히 줄어들었다. 이런 이유로 수산물의 수확량을 늘리면서도 생물자원의 고갈이 없는 친환경적인 체계를 만들고자 하는 바다목장의 필요성이 제기되었다.

우리나라 연근해 바다생물자원의 생산량은 1950년대 이후 어업 근대화에 따라 증가하여 1970년대에 100만 톤을 넘었고 1980년대에는 150만 톤까지 증가하였으나, 그 후 증가율이 낮아져 2000년대에 들어서는 100만 톤 수준으로 줄어들었다. 2007년에는 수산물 생산이 총 327만 톤으로, 연근해 어업에서 115만 톤, 양식에서 138만 2천 톤, 내수면에서 1만 9천 톤, 원양어업에서 58만 톤을 기록하였다.

최근 들어 전 세계적으로 수산물이 성인병 예방에 좋은 건강식품으로 각광받으면서 수산물 소비량도 크게 증가하는 추세다. 우리나라도 수산물 소비량이 점차 증가하고 있는데, 연간 1인당 수산식품 소비량은 1980년에 27킬로그램에서 2000년에는 36.8킬로그램, 2006년에는 54.2킬로그램으로 증가하였다. 또 수산식품이 전체 동물성 단백질 공급원에서 차지하는 비율은 41.9퍼센트나 될 정도로 매우 높아, 그 부족한 양은 대부분 외국에서 수입하고 있는 실정이다. 이런 상태가 계속된다면 점차 바다생물자원이 고갈되어 결국은 후손들에게 황폐화된 바다를 물려줄 수밖에 없는 형편에 처할 것이다.

바다 생태 이해하기

물속 생물들은 육상생물의 환경과는 다른 수권水圈, 지구 표면에서 물이 차지하는 부분에서 살아간다. 수권은 해양, 내수면, 기수바닷물과 민물이 만나는 부분 세 부분으로 나눌 수 있으며, 또 물 부분인 수층과 물 밑바닥 부분인 저서부저층로도 나눈다. 수층에는 플랑크톤과 유영동물이, 그리고 저서부에는 저서생물이 각각 분포한다.

물을 생활권으로 하는 생물 중에서 헤엄치는 능력이 미약하거나 전혀 없어서 해류나 조류 같은 흐름을 따라 물속에 떠다니면서 생활하는 생물이 있다. 이들을 '플랑크톤'이라 한다. 플랑크톤은 대부분 현미경으로 볼 수 있는 크기의 미세한 생물군이지만 해파리, 크릴, 곤쟁이와 같이 상당히 큰 것도 있다. 이와는 반대로 스스로 헤엄쳐서 물속을 이동하는 동물을 '유영동물'이라 한다. 오징어나 낙지로 대표되는 두족류와 어류가 주류를 이루고 있다.

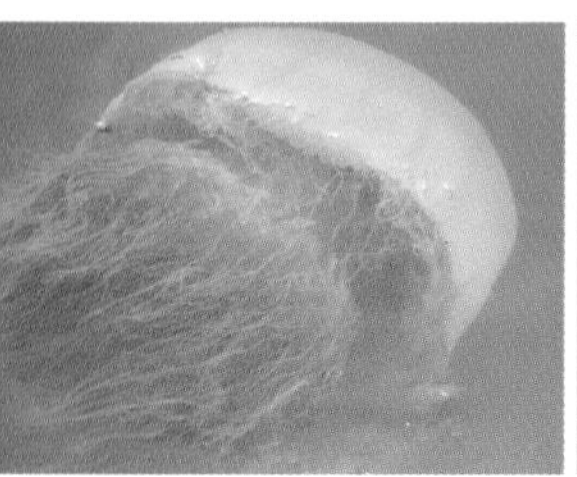
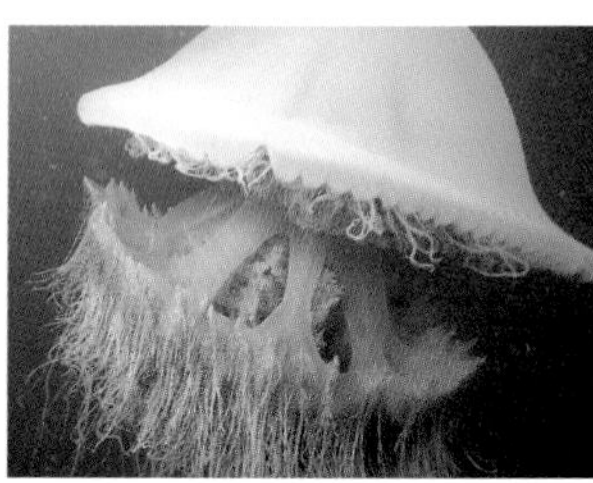
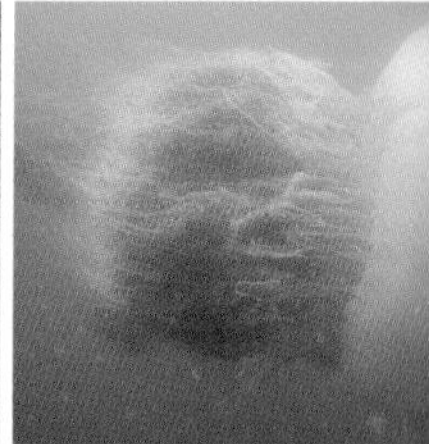

크기가 1미터가 넘는 해파리는 어느 정도의 유영력을 가지고는 있지만 동물플랑크톤의 한 무리로 분류된다.(노무라입깃해파리)

플랑크톤은 크게 식물플랑크톤과 동물플랑크톤으로 나눌 수 있다. 광합성 능력이 있어 무기물에서 유기물을 합성할 수 있는 생물을 '식물플랑크톤'이라 하고, 광합성 능력이 없어 다른 생물을 잡아먹거나 유기물탄소, 수소, 산소로 이루어진 탄소화합물로서 생명현상에 관여하는 물질을 먹이로 하는 생물을 '동물플랑크톤'이라 한다. 또한 생태적인 특성으로도 구분할 수 있는데, 전 생활사태어나서 죽을 때까지의 전 기간에 걸쳐 부유 생활을 하는 '평생 플랑크톤'과 일시적으로만 부유 생활을 하는 '일시 플랑크톤'으로 나눈다.

이 외에도 이들을 채집하는 채집망의 그물코 크기에 따라 극초미세 플랑크톤0.2마이크로미터 이하, 초미세 플랑크톤0.2~2.0마이크로미터, 미세 플랑크톤2.0~20마이크로미터, 소형 플랑크톤20~200마이크로미터, 중형 플랑크톤0.2~2밀리미터, 대형 플랑크톤2~20밀리미터, 거대 플랑크톤20밀리미터 이상으로 구분한다. 식물플랑크톤은 대부분 미세 혹은 소형 플랑크톤에 속하고, 동물플랑크톤의 대부분은 대형 혹은 거대 플랑크톤에 속한다.

유영동물 가운데 두족류는 저서 생활을 하는 다른 연체동물과는 달리 활발한 유영 생활을 하며 다른 동물들을 잡아먹는 육식성 동물로 진화하였다. 주로 자유 유영 생활을 하는 어류는 다른 동물군과 치열한 경쟁을 하지 않으므로 강이나 하천, 바닷물 어디에서나 주류를 이룬다. 그 밖에 유영동물에는 고래, 물개와 같은 해양 포유류와 바다거북, 바다뱀 같은 파충류가 포함된다.

한편 바다 밑바닥에 살고 있는 다양한 생물체를 통틀어 '저서생물'이라고 한다. 저서생물은 유영동물보다 훨씬 종류가 다양하다. 바다 밑 흙 속에 파묻혀 사는 것과 흙 위를 기어 다니며 사는 것을 포함하며, 저서생물은 크

1 2
3 4

환경 변화가 심한 바닷가에서 사는 바다생물들은 다양한 형태를 가지고 있다. 1·2 바위틈의 거북손과 검은큰따개비 3 연안 암초의 굴 4 수중 생태계의 청소부 별불가사리

게 '저서동물'과 '저서식물'로 나뉜다.

저서식물은 주로 조간대나 얕은 바다에 살고 있으며, 저서동물의 먹이생물로 아주 중요하다. 저서동물은 조개류나 갯지렁이류와 같은 종류가 대다수를 차지하는데, 암반 따위에 붙어사는 부착 동물굴, 따개비, 산호 등과 바닥을 기어 다니는 포복 동물게, 새우, 불가사리, 성게, 해삼 등로 구분한다.

_ 돌고 도는 생태계

생물은 환경과 밀접한 관계를 맺으면서 서로 영향을 끼치며 살고 있으며, 자연계에서 무생물계와 생물계 그리고 생물 상호 간에 끊임없는 물질 순환을 되풀이하면서 평형을 유지하고 안정된 세계를 이룬다. 이와 같은 무생물적 환경과 생물적 환경을 합쳐서 '생태계'라고 부른다.

생태계는 무기물에서 유기물을 생산하는 '생산자', 유기물을 소비하는 '소비자', 유기물을 분해하여 다시 무기물로 환원하는 '분해자', 그리고 '무생물적 요소' 이렇게 네 가지로 구성된다. 이때 생태계의 에너지원인 태양 에너지는 생산자의 광합성 작용에 의하여 생태계로 들어오게 된다.

바다를 예로 들면, 물, 이산화탄소, 영양염류바닷물 속의 규소, 인, 질소, 따위의 염류를 통틀어 이르는 말와 같은 것이 무생물적 요소다. 무기물과 태양 에너지를 이용하여 유기물을 합성하는 녹색식물, 즉 식물플랑크톤과 수초는 생산자다. 이 식물을 먹고사는 초식동물은 제1차 소비자고, 이를 먹고사는 육식동물은 제2차 소비자다. 그리고 생물의 사체나 배설물과 같은 유기물을 무기물로 분해하는 박테리아나

균류는 분해자다. 분해자에 의해 생긴 무기물은 다시 생산자에 의해 이용된다.

생태계는 이와 같이 물질이 여러 단계의 생물적 요소와 무생물적 요소 사이에서 순환되므로 물질적으로 안정되어 있다. 생산자에 의해 생태계로 흡수된 태양 에너지는 여러 단계의 생물적 요소를 거쳐 생태계 밖으로 다시 나가게 된다. 그러므로 생태계는 자연계에서 하나의 기능적 단위라고 할 수 있다.

바다를 하나의 생태계로 볼 때, 물질 순환의 한 예를 들어 보면 다음과 같다. 식물플랑크톤(생산자) → 동물플랑크톤(제1차 소비자) → 멸치(제2차 소비자) → 고등어(제3차 소비자) → 고래, 상어 또는 인간(제4차 소비자)……. 이와 같은 먹이 관계를 '먹이사슬'이라고 한다.

_ 따로 또 같이, 생물 군집

생물은 제각기 알맞은 환경에서 무리를 이루어 살아가는데 이것을 '생물군집'이라 하며, 이것들은 단일 종 또는 두 종 이상의 생물로 구성된다. 이 생물군집은 물리·화학적 요인이 복합된 무생물적인 환경의 영향을 받는다.

생태계에서 생산자, 소비자, 분해자는 서로 유기적인 관계를 가지며 균형을 이룬다. 번식력이 강한 어떤 생물이 있다면, 그것을 잡아먹는 포식자와 병을 일으키는 병원성 생물에 의해 그 생물의 번식은 일정한 범위로 제한된다. 또 군집 내 각각의 생물도 개체 간에는 나이, 성, 종속 관계와 같은 비공간적인 요소와 따로 살기 또는 서식 구역 확보텃세와 같은 공간적 요소에 의해 서로 안정된 군집을 이루게 된다.

이와 같이 생물은 환경에 적응하여 생활하면서, 한편으로는 다른 생물뿐만 아니라 동일 종 간에도 견제를 받으면서 생활한다. 환경과 생물, 또는 생물 상호 간에 서로 영향을 주고받으며 생활함으로써 안정된 생물 사회를 유지할 수 있는 것이다. 그러므로 생태계 안에서 어느 한 요소가 없어지면 생물 사회의 균형이 깨져서 안정된 군집에 혼란이 발생하게 된다.

_ 각 해역의 생태적 특성

우선 바다목장을 건설하려면 위에서 언급한 복잡한 수중세계의 질서와 바다를 정확히 이해하여야 한다. 우리나라는 삼면이 바다로 둘러싸여 있는데 살펴보면 각 해역의 생태적 특성이 저마다 다르다는 것을 알 수 있다.

즉, 남쪽에서 올라오는 대마난류는 제주도 남쪽 연안을 거쳐 크고 작은 섬들이 널려 있는 남해안, 부산 앞바다를 지나 동해로 따뜻한 바닷물을 나르면서 열대·아열대 생물들을 우리나라 연안으로 들여온다.

서해는 갯벌이 발달한 연안과 얕은 수심대가 특징이며, 연안을 따라 오르내리는 회유성 어종들이 서해의 독

백사장과 암반이 교대로 발달해 있고 해안선이 단순한 동해안, 경상북도 울진

특한 생태적인 특성을 보여 준다.

동해는 단순한 연안지형과 깊은 수심대, 북쪽에서 내려오는 북한한류의 차가운 바닷물과 남쪽에서 올라오는 난류가 만나는 특성을 보이고 있다.

이렇듯 우리나라 바다는 사계절이 뚜렷하여 겨울철과 여름철의 수온 차가 크고 남쪽의 난류와 북쪽에서 내려오는 한류가 교차하고 있어 실로 복잡한 해양 환경을 가졌다. 또한 해역별, 계절별, 수심대별 생태가 각각 다르며

조석간만의 차가 크고 광활한 갯벌이 발달한 서해안, 충청남도 태안

그에 따라 다양한 바다생물이 살고 있다.

이렇듯 바다 환경과 자원 특성이 각각 다른 우리나라 연안에 대한 충분한 과학적인 이해가 선행되어야 각 시범 해역의 바다목장 사업을 효과적으로 추진할 수 있다.

바다목장의 모델

바다목장은 1998년부터 2013년까지 5개 지역에서 추진된다. 남해안에서는 경상남도 통영과 전라남도 여수, 제주도 고산 해역, 그리고 서해안은 충청남도 태안, 동해안은 경상북도 울진에서 각각 지역적 특색에 맞게 바다목장의 기반을 조성하려고 노력하고 있다. 바다목장이 추진되는 각 해역에서는 다양한 연구와 사업을 동시에 진행하고 있다.

1994년부터 3년간 한국해양연구원은 우리나라 연안 환경, 자원 특성을 면밀히 조사·분석하여 동해·서해·남해·제주에 알맞은 바다목장 모델을 개발하여 정부에 제시하였다. 현재 진행되는 다섯 군데의 시범 바다목장은 당시 제시된 바다목장 모델을 기본 바탕으로 하고 있다.

연구 결과에 따르면, 동해안에는 수산자원 증대와 해양관광 활성화를 목적으로 하는 관광형 바다목장이 적합한 것으로 판단된다. 동해안은 따뜻한 바닷물과 차가운 바닷물이 늘 교차하여 다양한 생물자원이 출현하지만 한편으로는 일 년 내내 정착하여 관리할 생물자원은 부족한 특성이 있다. 그러하기에 계절별로 수산업과 관광 기능을 함께할 수 있는 기능을 가진 바다목장이 필요한 곳이다.

남해안은 크고 작은 섬이 많은 다도해로 볼락과 같은 정착성 어종이 풍부하여 자원 증대를 통한 어업형 바다목장 모델이 적합한 것으로 판단되었다.

서해안은 넓은 갯벌이 발달하여 갯벌형, 제주도는 맑고 따뜻한 바다 속에 화려한 열대·아열대 생물이 풍부하고 일 년 내내 관광객이 많이 찾는 곳이라서 수중 체험형 바다목장 모델을 제시하였다.

1998년부터 시작된 통영 바다목장을 비롯한 시범 바다목장에서는 다양한 생물을 관리하는데 지역마다 그 종류가 조금씩 다르다. 통영은 조피볼락우럭·볼락, 여수는

1
2

1 수중 체험형 제주 바다목장에서는 화려한 모양의 쏠배감펭이 인기 높다. 2 암초가 많은 다도해의 고급 어종, 돌돔

돌돔·감성돔·황점볼락·볼락, 서해안은 조피볼락·넙치·바지락·갑각류, 동해안은 가자미·전복·가리비·강도다리, 그리고 제주도는 돌돔·자바리지방명: 다금바리·쏨뱅이·전복 등을 주요 대상으로 사업을 추진하고 있다. 이러한 대상어종은 사업을 진행하면서 치어稚魚, 어린 물고기들의 바다목장 정착 여부와 물고기의 증가 속도를 관찰하면서 변경할 수도 있다.

1 2 3
4 5 6

각 해역별 바다목장의 대상어종 1 통영-볼락 2 여수-돌돔 3 여수-감성돔
4 서해 · 동해 · 통영-조피볼락 5 동해-강도다리 6 제주-자바리

바다목장의 대상어종을 선택하는 기준은 해당 해역에서 서식이 가능할 뿐 아니라, 물고기 집 역할을 하는 인공어초人工魚礁를 설치하고 건강한 새끼를 풀어 줬을 때 자원 증대 효과를 크게 얻을 수 있는 것들이다.

세계의 바다목장

바다목장 사업은 우리나라에서만 시도된 것이 아니며 각 나라마다 조금씩 그 규모나 성격이 다르게 추진되었다.

'해양목장'이란 이름으로 시작한 일본은 1960년대부터 연구를 시작하여 1980년대 들어 고급 생물 종의 생산 기술을 개발하였다. 또한 환경 가꾸기, 어초 제작과 설치, 음향급이기소리로 물고기를 길들여 일정 장소에 모이게 하는 장치, 물고기 돌보기, 파도를 막는 구조물, 어장 조성 등 다양한 기술을 개발하였다. 2000년대에 들어서는 자국의 200해리 경제수역 안에서 1200만 톤의 어업 생산량 달성을 목표로 어업인, 지방자치단체 담당 공무원들이 함께 참여하여 해양목장을 운영하고 있다.

일본에서 가장 먼저 만들어진 규슈의 오이타 해양목장에서는 참돔을 대상으로 음향순치소리로 길들이기를 실시하는 등 음향순치기를 사용하여 연안 수산자원을 관리하였다. 그 결과 10퍼센트 이상의 자원 증대 효과를 거두고 있다. 그 외 해양목장 사업 결과, 넙치는 30퍼센트 이상, 조피볼락은 100퍼센트 그 수가 증가하였다. 어종별로는 회유성 어종보다 정착성 어종의 증가 효과가 더 컸다.

_ 나가사키 해양목장

일본 해양목장 중 가장 남쪽에 위치한 나가사키 해양목장은 참돔과 넙치를 주 대상어종으로 만든 바다목장이다. 이곳은 우리나라의 바다목장과 비슷하게 음향급이기를 설치하였으며, 치어를 방류하고 새끼들이 성장하면서 머물 인공어초를 물 속에 만들어 놓았다.

방류된 치어들이 일정 기간 만 안에서 음향순치되어 성장한 후에 수심이 깊은 만 바깥의 어초 어장으로 옮겨 가도록 설계된 나가사키 목장 전경

나가사키 해양목장은

만 입구에 파도를 막기 위하여 설치된 수중방파제에는 크고 작은 물고기가 어울려 산다.

1991년부터 1998년까지 31억 엔을 투자하였고8년간 매년 6천만~5억 1천만 엔 투자, 지금까지도 자금을 들여 관리하고 있다. 현재는 매년 9만여 마리의 치어를 방류하고 있다.

목장은 음향급이기를 사용해 넙치를 길러 방류하며 바다 속에는 인공어초를 설치해 물고기를 관리한다. 또 바다목장 해역에는 닭새우·전복 양식장을 함께 조성하여 다양한 어종을 생산하고 있다. 5월에는 수온이 섭씨 17도 전후로 주 대상어종인 참돔이 머물기에는 낮은 편이나,

수온이 상승하는 가을에는 섭씨 22~23도로 높은 수온이 유지되어 참돔, 돌돔, 청황돔, 벵에돔 등 다양한 어종을 만날 수 있다. 어종 구성으로 미루어 볼 때 나가사키 목장 해역은 우리나라 남해안과 제주도를 합쳐 놓은 특성을 가지고 있다.

_ 오카야마 해양목장

오카야마 현의 해양목장은 일본의 30여 목장 중에서 감성돔을 대상으로 운영하는 곳이다. 오카야마 해양목장을 처음 시작할 때는 참돔을 대상어종으로 하였으나, 참돔은 계절에 따라 먼 거리를 이동하는 습성이 있어서 마을 단위에서 관리하기에는 무리가 있었다. 그런 이유로 참돔보다는 상대적으로 회유로가 짧은 감성돔으로 대상어종을 바꾸었다.

그런데 어린 감성돔은 방류하자 바다목장을 벗어나 연안에 설치된 그물에 대량 포획되어 버리는 문제점이 나타났다. 이러한 문제를 해결하기 위하여 음향급이기를 사용하여 어린 감성돔이 가능한 한 마을 앞바다에 오랫동안 머물도록 하였고, 그 후 성장하면서 만을 벗어나 바다목장에 설치한 어초 어장에 정착하도록 유도하였다. 최근에는 최고의 맛과 높은 가격의 붉바리로 소득 향상에 힘을 쏟고 있었다.

오카야마 해양목장에서는 현재 지방정부오카야마 현, 선박·부두 관리자, 어업인들이 직접 관리하는 3대의 음향급이기를 마을 앞바다에 설치하여 운영하고 있다. 음향에 길든 방류어가 일정 기간 머물게 해 방류 후의 생존율을 높이고 해양목장 해역에 가능한 한 많은 양이 머물도록 유도하는 것이다. 그 성과가 입증되어 지금까지 음향급이기를 운영해 오고 있다.

북유럽 최고의 수산국인 노르웨이에서도 1960년대부터 대서양 연어를 키워 바다목장을 연구하기 시작하였다. 지금은 양식 기술이 발달하여 연 80만 톤의 연어를 생산하기에 이르렀다. 노르웨이는 1980년대 들어 연어, 대구, 바닷가재, 가리비 등으로 대상종을 넓혀 바다목장 사업을 실시하여 바닷가재·가리비 목장을 실현하였다.

1
2 3 말레이시아 랑카위 코랄 해양공원에서는 상어를 비롯한 물고기들이 매일 관광객과 어울려 논다.

_ 말레이시아 랑카위 코랄 해양공원

말레이시아 랑카위 코랄Langkawi Coral 공원과 다음에 나오는 호주 대보초Great Barrier Reef의 산호 해역은 바다목장 사

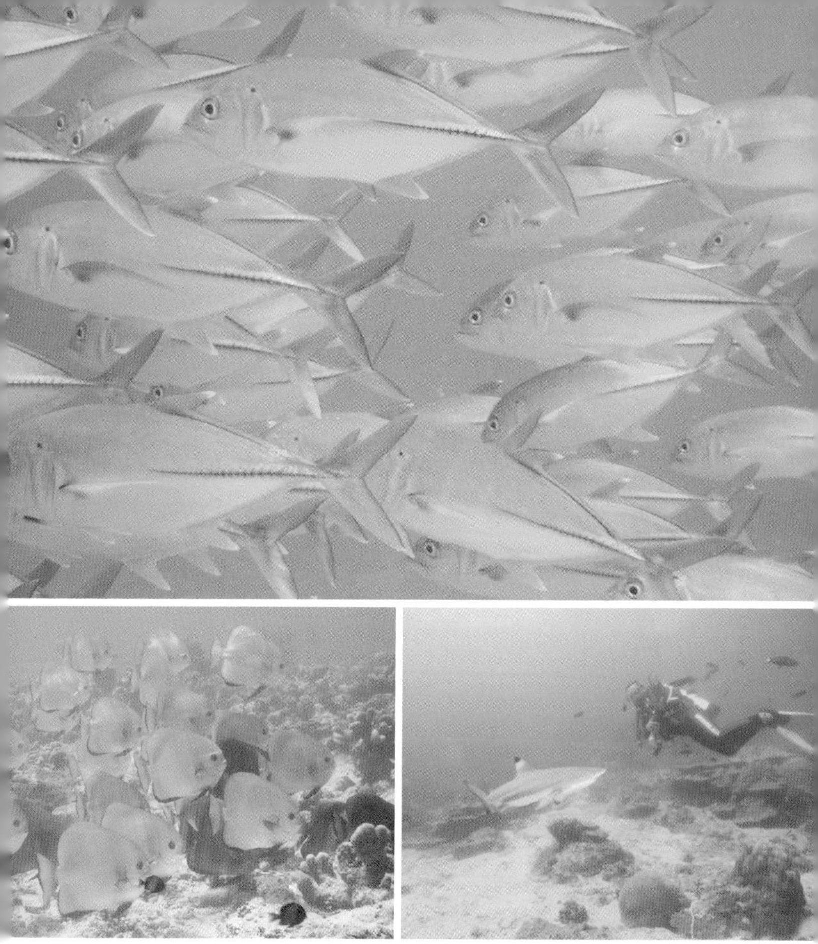

1 말레이시아 시파단, 수천 마리의 줄전갱이 2 시파단의 점잖은 제비활치류 3 가이드들은 먹이를 주면서 상어를 길들인다.(랑카위 코랄 해양공원)

업을 시도한 것은 아니지만, 자연이 가지고 있는 보존 가치 높은 해역에서 생태관광을 하는 관광형 목장처럼 가꾸는 곳이다.

페낭Penang에서 관광선으로 약 2시간35킬로미터 거리에 있는 랑카위 코랄 해양공원은 1990년대 초에 만들어져서 지금까지 운영되고 있는 말레이시아 최초의 산호초 해양공원이다. 수백 명이 동시에 수중 관광스노클링과 스쿠버다이빙을 할 수 있는 섬 연안에 있는 플랫폼관광객이 쉴 수 있는 수상 뗏목 시설과, 상어와 함께 수영할 수 있는 해변이 대표적인 관광 명소다.

처음에는 자연적인 산호초를 찾는 관광객이 많았는데 오랜 시간 동안 사람이 찾아오고 먹이를 주자 많은 어류가 길들여져 사람이 가까이 가도 도망치지 않는다. 이 공원의 대표적인 어종은 1.3미터에 달하는 바라쿠다, 70~90센티미터 크기의 그루퍼grouper, 말미잘과 공생하는 흰동가리, 그 외 독가시치류, 해포리고기와 얕은 바다에서 관광객과 함께 노는 1미터 남짓한 상어들이다.

이곳 산호초 해역은 다양한 어종과 사람들에게 길들여진 상어 때문에 관광객이 일 년 내내 끊이지 않는다. 우리나라의 시범 바다목장 중 울진과 제주 바다목장의 관광형 또는 수중 체험형 모델과 유사한 개념의 해양공원이다. 말레이시아 랑카위 코랄 해양공원은 해양 환경보전과 바다생물의 관광 자원화라는 개념에서 우리나라 바다목장 사업의 좋은 모델이 되고 있다.

그 밖에도 각종 인공어초를 사용하여 산호가 잘 발달한 연안 생태계를 보호하고 있는 곳도 있다. 미국 플로리다 연안은 전 세계에서 가장 많은 수의 관광용 어초선박, 비행기, 탱크 등가 설치되어 있는 곳으로 유명하다.

해양공원을 보호하기 위해서는 사람이 접근하지 않는 것이 가장 좋다. 그러나 지역의 특성을 살린 생태관광으로 관광객들이 해양보호에 관련된 실제 현장 교육과 경험을 할 수 있다면 바다 속의 생물 다양성 보존과 함께 지역의 경제 활성화에도 좋을 것이라 판단된다.

_ 호주 국립해양공원

호주는 2천 킬로미터가 넘는 긴 산호 국립해양공원인 대보초의 일부를 관광 포인트스쿠버다이빙, 스노클링로 개발하여 관광을 활성화하고 있다. 그중에서 세계적으로 가장 유명한 곳이 거대한 바리과 어류를 만날 수 있는 코드홀cod hole이다.

1 2
3 4 1·2 코드홀에서 가장 인기 좋은 포테이토 코드 3 코드홀에서는 하루에 한 번씩 먹이를 준다. 4 호주의 대보초에는 산호와 다양한 바다생물들이 건강한 수중생태계를 이루고 있다.

코드홀은 바리과 어종 중 가장 덩치가 큰 그루퍼포테이토 코드의 서식처로서 1970년대 한 방송사가 다큐멘터리를 제작하다가 발견하였다. 호주 동북부의 케언스Cairns란 도시에서 산호초를 따라 북동쪽으로 약 250킬로미터 떨어진 곳으로 지금까지 잘 관리되고 있다. 현재는 하루에 두 차례 생태관광 다이빙을 하는데 그중 한 번은 가이드가 그루퍼에게 먹이를 준다.

현재의 그루퍼는 1970년대 최초 발견된 그루퍼는 아니지만 크기가 거의 사람만 하며 먹이를 받아먹는 것에 길들여져 사람이 가까이 가서 만져도 가만히 있을 정도다. 오랫동안 계속된 먹이 훈련의 결과지만, 자연 먹이의 비율이 낮고 사람 손이 많이 닿아 건강 상태가 의심스러워 문제점으로 지적되고 있다. 그러나 현재까지 이렇게 큰 바리과 어류가 사람의 접근을 허락하는 경우는 거의 없었기 때문에 전 세계 각지에서 다이버들이 몰려들고 있다.

호주 국립해양공원은 코드홀 외에도 챌린저베이Challenger bay, 템플 어브 둠Temple of Doom 등의 이름이 붙은 다양한 포인트가 스쿠버다이빙 일정에 포함되어 있어 다양한 산호초의 세계를 감상할 수 있는 환상의 생태관광 코스다.

_ 야프의 해양공원

돌화폐의 섬Island of stone money으로 유명한 야프 주는 미크로네시아의 4개 주 가운데 가장 서쪽에 위치하고 있다. 야프 섬의 약 8천 명을 포함하여 여러 섬에 약 1만 5천 명의 주민들이 흩어져 살고 있다. 축산, 어업, 농업 등의 생산

야프 주의 대형 쥐가오리

적인 산업은 활발하지 못하고 야프 주의 관광에 관련된 요식 산업이 활성화된 정도다. 야프 주 연안의 유명한 다이빙 포인트를 중심으로 하는 관광지는 비싼 숙박비에도 불구하고 꾸준히 관광객들이 찾고 있다.

야프의 수중세계에서 가장 유명한 것은 쥐가오리다. 전 세계적으로 쥐가오리를 만날 수 있는 곳은 매우 한정되어 있는데, 야프에서는 그 확률이 매우 높기 때문에 많은 다이버가 찾고 있다.

야프는 팔라우, 말레이시아, 시파단 등과 함께 자연이 가지고 있는 생물 다양성과 그 아름다움을 잘 관리하고 있는 곳으로, 넓은 의미의 관광형 바다목장이라 할 수 있다.

그 외 미국은 1995년부터 일본과 공동으로 태평양 참다랑어를 대상으로 바다목장을 추진한 바 있다. 황해를 끼고 우리나라와 마주보고 있는 중국도 우리나라 최초의 바다목장인 통영 바다목장을 모델로 하여 산둥 성 칭다오 연안에서 2007년부터 바다목장 사업을 추진하고 있다.

바다목장 건설

1_목장_만들기_프로젝트_9년

우리나라 남해안에 위치한 경상남도 통영시는 '한국의 나폴리'라 불릴 정도로 매우 아름다운 도시다. 한려해상국립공원과 충무공 이순신 유적지로 유명하지만, 통영이라는 지명이 조금은 낯설지도 모른다. 1995년 행정구역 개편에 따라 충무시와 통영군이 합쳐져 통영시로 이름이 바뀌었기 때문이다. '통영'이라는 지명은 임진왜란 당시 이곳에 삼도 수군통제사가 주둔하는 진영통제영 또는 통영을 두었던 데서 유래한 이름이다. 지금은 삼도 수군통제사 대신 바다목장이 새로운 진영을 꾸리고 있다.

통영 바다목장의 해상기지로 가기 위해서는 통영시 산양면 연명마을 앞에서 배를 타야 한다. 1998년 처음 사업이 시작된 이래 2006년까지 9년 동안 '소리 없는 환경 실험'이 이곳 연명마을 앞바다에서 조용히 진행되었다. 그리고 9년의 기나긴 실험 끝에 그 결실이 모습을 드러내었고, 지금은 그동안의 연구와 사업으로 만들어진 바다목장을 관리하고 있다.

경상남도
전라남도
통영

달아공원에서 바라본 바다목장 해역의 일몰

통영 바다목장은 통영시 연명마을에서 불과 1킬로미터 떨어져 있다.

사실 바다목장은 '여기에 목장을 만들자'라고 해서 바로 시작할 수는 없다. 한국해양연구원이 추진한 바다목장 사업은 3단계에 걸쳐 진행되었는데, 1998년에서 2000년까지의 1단계 기간에는 '바다목장 기반 조성'에 목표를 두었다.

이 3년 동안 한국해양연구원은 통영시 앞바다에 바다목장을 조성했을 때 바다 환경이 이를 받아들일 수 있는지를 평가하고, 바다목장에서 관리하려는 대상인 바다생물이 바다 환경과 어떻게 어울려 사는지를 조사하였다.

또 바다생물이 어디에 많이 모여 살 수 있는지를 판단하는 연구와 함께, 바다생물을 바다에 방류한 후 자연 상태에서 적응력을 높일 수 있도록 하는 순치 기술중간 육성 기술 개발, 바다목장의 조성 기술 개발, 그리고 사회경제적 타당성에 대한 연구도 함께 진행하였다.

2단계로, 2001년부터 2004년까지 4년 동안은 실제로 바다목장을 조성하였다. 이 단계에서는 물고기가 살 수 있는 집인공어초을 지어 주고 그곳에서 살아갈 물고기를 풀어 준방류 후 행동 특성을 연구하였다. 이 시기에는 방류한 물고기들이 바다목장 주위에서 계속 생활할 수 있도록 순치 기술을 적용하는 것이 큰 과제였다.

바다목장 연구에 어느 정도 자신감을 얻었을 때인 2002년, 2003년 이후 바다목장을 방문한 많은 전문가, 수중촬영가, 방송사 기자들은 많은 물고기에 놀라워하였다. 자원 조성 면에서는 굳이 방문자들의 평을 인용하지 않더라도 매우 성공적이라 할 수 있다. 동네에서 불과 1킬로미터도 떨어지지 않은 바다 속에서 40센티미터급 조피볼락과 볼락 떼를 만날 수 있었기 때문이다. 지금은 바다목장

통영 바다목장에는 일 년에 1천여 명의 국내외 방문객이 다녀간다.

해역의 일부를 보호수면으로 지정하여 물고기를 보호하고 있기 때문에 어업 활동은 보호수면 외의 관리수면에서만 가능하다. 어민들은 보호수면에 고기가 많다는 것을 알면서도 고기를 잡을 수 없다.

3단계는 2005년부터 2006년까지로, 생태계 변화를 지켜보면서 방류한 물고기를 얼만큼 잡을 것인지, 어떤 기구로 잡아야 개체를 보호할 수 있는지 결정하였다. 그리고 1998년부터 사용된 시설을 점검하여 그 효과를 조사하였다. 또 무엇보다도 시험을 끝낸 바다목장은 통영시와 어민이 중심이 되어 관리하는 것이 중요하다. 그래서 2005년에 통영시, 어민, 관련 연구원으로 구성된 '통영 바다목장 관리이용협의회'를 조직하여 2006년부터 목장을 관리하고 있다.

2_어떤_물고기를_키울까?_

바다목장에 어떤 물고기를 키울 것인가는, 제일 먼저 지역 어민에게 부근 해역에 어떤 물고기가 가장 많은지 묻는 것으로 시작하였다. 그중 어민들에게 소득을 올려 주고 육성할 만한 가치가 있는 물고기를 가려내 대상을 선정한다. 흔히 양식하는 물고기는 대부분 사람들이 많이 찾고 또 맛있어 하는 종류다. 그러므로 바다목장의 물고기 선정도 바다목장이 활성화되어 어획이 이루어질 미래의 경제성이 어떠할지를 고려해야 한다.

또한 선정된 물고기가 우리나라 해역의 수온 환경에 잘 적응하는 것인지를 살펴야 한다. 물고기가 여름종이면 겨울에 따뜻한 바다 쪽으로 회유하고, 겨울종이면 여름에 찬 바다 쪽으로 회유하기 때문에 자원 조성 효과가 낮아지거나 불가능해질 수 있다. 따라서 바다목장 해역에서 일 년 내내 살 수 있는 어종인가를 살펴야 한다. 아울러 이동성이 강한 어종은 다른 곳으로 이동할 가능성이 높기 때문에 가능하면 정착성인 어종을 택하고, 자연 생태계를 교란하지 않는 종을 고른다.

통영 바다목장에는 볼락과 조피볼락을 주 어종으로 선정하였다. 해역의 수온이 여름철에는 섭씨 27도 전후로 상승하고 겨울철에는 섭씨 10도로 내려가기 때문에 이러한 조건에서도 일 년 내내 해역에 머무르는 것이 가능한 정착성 어종이 선택된 것이다.

바다목장이 완성되려면 우선 그 해역의 생태적 특성과 함께 대상어종의 생리, 행동학적 습성을 포함한 수중 생활을 이해하는 것이 우선되어야 한다. 즉, 이 종들은 과연 어떤 서식 조건에 머물기 원하는지를 먼저 알아야 한다.

이런 이유로 초기에는 통영 연안을 잠수해 자연 상태에서의 이들의 생태적인 특성을 관찰하였다. 볼락과 조피볼락은 보통 바위가 많고 해조가 자란 곳에 모여 산다. 수심이 얕은 암반 연안에서는 크기가 작은 어린 볼락이 수십 마리씩 떼를 지어 살고 있었으며 나이가 든 개체들은 조금 깊은 수심에 머물고 있었다.

떼를 지어 살아가는 어린 볼락

보다 정밀한 서식처의 구조를 알기 위하여 실내 수조와 해상 가두리 안에 다양한 인공 구조물을 설치하고 행동 연구를 통하여 그들이 좋아하는 구조들에 대하여 하나씩 기초 자료를 축적하였다. 한 예를 들면, 볼락은 약 25~70센티미터 정도의 간격을 선호하는 것으로 밝혀졌으며, 조피볼락은 직사광선이 가려진 좁은 공간에 모이는 습성을 보였다. 관찰을 통해 볼락은 나이가 들수록 특정한 공간에 대한 선호도가 커진다는 것을 알 수 있었다.

이러한 기초 자료들을 바탕으로 수중에 대형 구조물을 두고 실험을 계속하여 피라미드 어초, 상자형 어초 등을 개발하게 되었다. 즉, 볼락과 조피볼락의 인공적인 집, 인공어초를 개발하게 된 것이다.

3_건강한_어린_물고기_방류하기_

그럼 선정된 물고기를 어디서 구해 올까? 어항을 사면 수족관에서 마음에 드는 물고기를 사서 키우는 것처럼, 바다목장에서도 처음에는 자연 자원이 고갈된 상태였으므로 인근 육상 양식장에서 새끼들을 사와서 키우기 시작한다. 그리고 이후 적응 과정을 거쳐 바다목장 해역에 방류하는 것이다. 다음은 물고기를 키워서 방류하기까지의 과정이다.

① 건강한 물고기 선별 : 우선 건강한 물고기 새끼를 선별해야 한다. 지금까지 어린 물고기를 생산하는 기술 개발은 육상의 수조나 가두리에서 양식하기 위한 것에만 초점을

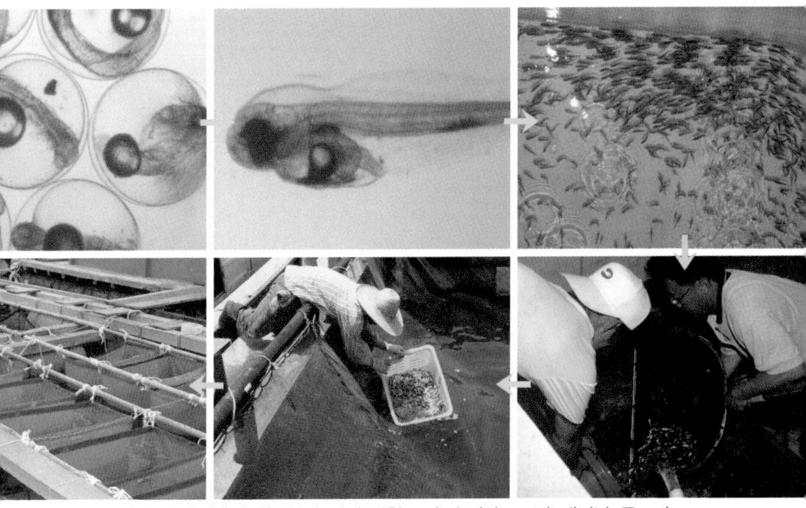

종묘 생산 단계. (사진 왼쪽부터 시계 방향으로) 수정란 → 갓 태어난 물고기 → 치어들 → 어린 물고기 선별 작업 → 육상 배양장에서 자란 어린 물고기를 해상 중간 육성장으로 옮기는 모습 → 중간 육성 실험용 가두리

맞추어 왔다. 그러나 바다목장에 방류할 어린 물고기는 양식용과는 다른 특징들을 가져야 한다. 그래야 잘 자라서 어미가 된 다음, 다시 튼튼한 새끼를 많이 낳을 수 있다.

바다목장에 방류할 어린 물고기는 몇 가지 조건을 갖추어야 한다. 첫째, 새끼는 방류 후 죽거나 잡아먹히지 않고 무사히 살아남아야 한다. 둘째, 방류 후 빠른 시간 안에 스스로 먹이를 찾아 먹을 수 있어야 한다. 셋째, 육식성 포식자를 피하여 안전하게 살 수 있는 장소를 스스로 찾을 줄 알아야 한다.

그래서 방류용 어린 물고기는 양식용과는 달리 뚱뚱해도 곤란하기 때문에, 새끼를 생산하는 과정에서 적정한 밀도와 물의 흐름을 유지해 준다. 또 같은 어미로부터 대를 거듭해서 계속 새끼를 낳게 되면 유전학적으로 나빠질 우려가 있기 때문에, 어미를 선택할 때도 자연산 어미를 주기적으로 섞는 식의 유전적 관리가 필요하다.

바다목장에 방류할 어린 물고기들은 인근 양식장에서 구할 수도 있지만 바다목장 해역의 해상 가두리 시설에서 관리된 어미들로부터 새끼를 부화시켜 얻기도 한다.

수조 속의 어린 볼락

② 적응 훈련 : 새끼는 무작정 방류하는 것이 아니라 그전에 적응 훈련을 시킨다. 양식장에서는 좁은 공간에 많은 물고기들을 빠르게 성장시키는 것을 가장 중요하게 여긴다. 먹이

또한 제 능력껏 잡아먹는 것이 아니라 그저 던져 주는 먹이를 받아먹는 것이니, 자연 상태와 같은 먹이 갈등이 거의 없다. 하지만 바다목장에 방류할 물고기들은 자연 상태에 적응해야 하므로 가두리 상태에서도 그런 조건을 만들어 주어야 한다. 이를 위해 사육 밀도를 낮추고 자연에서 섭취하는 것과 비슷한 먹이를 주어 관리한다.

가두리에 먹이 주기

③ 음향순치 : 물고기 새끼를 방류한 후 일정 기간 동안 먹이를 공급해 주어야 할 경우에는 방류 전의 중간 육성 기간에 음향순치를 함께 진행한다. 음향순치란 물고기들에게 먹이를 공급하면서 음향급이기를 통해 신호를 보내고, 이를 반복하면서 물고기들이 소리에 익숙해지게 만드는 것이다. 처음 며칠은 별 반응이 없지만 7일 정도 지나면 물고기들이 완전하게 소리에 반응하는 모습을 볼 수 있다. 이런 식의 적응 훈련을 마치면 물고기를 방류한 후에도 일정 기

방류할 물고기 선별 작업

간 동안은 음향급이기를 통해 새끼들을 모아서 먹이를 줄 수 있다. 특히 감성돔, 참돔은 훈련이 쉽다.

④ 표지 방류 : 물고기가 7~9센티미터 정도 자라면 바다목장에 방류하는데, 이때 나중의 방류 효과 조사를 위해서 물고기 몸에 일정한 표시를 한다. 방류 후 물고기의 성장, 이동, 생존율 등을 파악해서 자원을 체계적으로 관리하기 위한 것으로, 이를 '표지 방류'라고 한다.

우리나라에서 표지 방류는 1924년 수산시험장 지금의 국립수산과학원에서 고등어에 대해 실시한 것이 최초다. 이후 명태, 넙치, 전갱이, 송어, 정어리, 대구, 청어에 대해 실시한 적이 있다. 그리고 해방 이후에는 1962~1964년에 살오징어에 대해 실시했는데, 당시 살오징어는 어획고가 약 4만 5천 톤에 달할 정도로 물고기별 어획고에서 높은 순위를 차지하던 어종이었다. 이는 우리나라 국민이 하루에 한 마리씩 먹는다면 한 달간 먹을 양이었다. 이때 사용

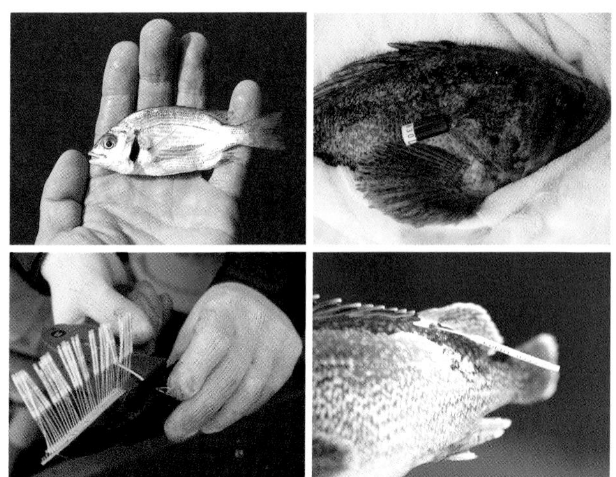

1 2
3 4

여러 가지 표지 방법 1 아가미 뚜껑 절단 2 음향신호 발신기 부착 3 일련번호가 있는 앵커태그 4 등에 꽂힌 앵커태그

한 표지는 두께 0.7밀리미터의 비닐로, 살오징어의 외투막 앞 끝에 붙였다. 재포획률은 최하 0.6퍼센트에서 최고 8.5퍼센트로 대체로 30일 이내에 다시 잡혔고, 80일 이상이 지나 잡힌 것도 있었다. 이동 거리는 하루에 53킬로미터인 것이 최고였다. 이와 같은 표지 방류 사업을 통해 시기별 회유 경로를 파악할 수 있었다.

이 밖에 동해안에서 꽁치1967, 방어1969, 남해안에서 삼치1967, 고등어 · 전갱이1960, 1964, 1973~1975, 서해안에서 대하

1966~1968, 1971, 참조기1961에 대하여 실시한 적이 있다. 1980년대 중반부터 본격적으로 시작된 동해안의 연어 방류 사업에서는 물고기의 배지느러미, 기름지느러미를 절단하는 방법을 쓰고 있다.

통영과 여수의 바다목장에서는 조피볼락, 볼락, 감성돔, 돌돔 등의 아가미 뚜껑을 절단하거나 플라스틱 태그를 부착하기도 하였으며, 전복에도 표지를 다는 방법을 사용해 왔다.

⑤ **방류** : 인공적으로 부화된 새끼를 자연에 방류하면 초기에 포식자에게 많이 잡아먹히는 것으로 알려져 있다. 자연에서 태어난 새끼들에 비해 포식자로부터 도망치는 능력이 부족하기 때문이다. 또 새끼를 방류하는 시기나 위치에 따라서도 방류 효과가 달라질 수 있다. 종류에 따라 다르지만 참돔과 같은 물고기는 수온의 영향을 크게 받기 때문에 적정한 수온 시기인 섭씨 20도 정도의 9월경에 방류해야 한다. 그러지 않으면 수온 차이로 인해 방류 직후 지역을 이탈할 수 있기 때문이다.

습성도 고려해야 한다. 볼락처럼 바위 같은 곳에 숨어

비교적 많이 이동하지 않고 살아가는 물고기라면 먹이가 풍부한 곳에 인공어초를 많이 설치한 후 방류한다. 또 물고기에 따라 좋아하는 먹이가 다르기 때문에 각 물고기마다 먹이가 풍부한 시기에 방류해야 한다. 새우와 같은 갑각류의 경우에는 그들의 포식자인 넙치, 쥐노래미가 따뜻한 수온을 싫어하기 때문에 이들이 비교적 적은 8~9월에 방류한다. 공통적으로는 바다숲과 같은 은신처가 충분히 많아지는 시기나 장소를 택해서 방류한다.

통영 바다목장에서는 8~10월경 조피볼락과 볼락을 방류하는데, 조피볼락은 이때가 자연 상태의 성장과 일치하는 시기이고, 볼락은 높은 수온으로 먹이가 풍부한 시기이기 때문이다.

⑥ 방류 효과 조사 : 방류가 끝난 후에는 방류 효과를 조사한다. 우선 방류한 개체들이 얼마나 이탈하는지를 조사하는데, 효과적으로 관리하기 위해 바다숲이나 인공어초 지역, 그리고 인공어초가 없는 지역으로 나눠서 진행한다. 인공어초의 종류에 따라 조사 조건은 달라지며, 모여 있는 개체 수의 차이도 함께 조사한다.

1 2 3 1·2 바다목장 수중 조사에 사용되는 무인 수중촬영장치 3 실시간 해양 환경을 기록하고 연구소로 송신하는 자동 환경측정기

조사는 잠수 조사와 선상 조사로 이루어진다. 잠수 조사에서는 장비를 갖춘 연구원이 직접 잠수하여 육안으로 상황을 확인하고 사진을 촬영한다. 이후 촬영 영상물을 영상 분석 방법으로 분석하여 개체 수를 헤아리고 기록으로 남긴다. 선상 조사는 통발과 같은 어구를 사용하여 잡은 후 기록한다.

4_떠_있는_통제실,_소리로_길들이기_

바다목장에 오는 사람들마다 울타리가 없는데 어떻게 물고기를 가두고 관리하냐고 묻는다.

울타리가 없는 바다목장에서는 정착성이 강한 볼락이 좋은 대상어종이다.

바다목장은 인공 먹이를 주면서 물고기를 가둬 키우는 양식장과는 달리 물고기를 가두지 않기 때문에 넓은 바다 전체가 모두 목장이다. 따라서 물고기를 자유롭게 풀어 놓으면서도 목적하는 해역 안에 물고기가 살도록 해야 한다. 즉, 눈에 보이는 울타리는 없지만 물고기들이 늘 그곳에 머물도록 하는 것이 바다목장의 핵심인 것이다. 그래서 이를 위해 소리를 이용하거나 자원이 집중될 수 있도록 만남의 장소어초 어장를 만들어 주는 기술에 관한 연구가 필요하다.

우리나라 기술로 만든 음향급이기

먼저 소리를 이용하는 장치로 '음향급이기'라는 것이 있다. 바다목장에 떠 있는 노란색 사각형 쇳덩이가 바로 음향급이기다. 이 장치는 소리를 이용해 물고기를 길들이는 기계라 할 수 있는데, 연구원들은 이것을 '떠 있는 통제실'이라 부른다. 하지만 통영 바다목장에서는 대상어종의 생태 · 행동 특성상 큰 역할을 하지 못하였다.

러시아의 과학자 파블로프가 개를 대상으로 했던 유명한 실험처럼, 개에게 일정한 소리를 들려주면서 먹이 주기를 반복하면 개는 소리에 길들여져서 소리만 들어도 침을 분비한다. 이 조건반사를 이용하여 방류한 물고기들을 바다목장 해역에 일정 기간 머물게 하는 것이 바로 '음향순치' 즉, 소리로 길들이는 기술이다.

먼저 인근 양식장에서 구해 온 물고기 새끼들을 일정 기간 동안 일반 가두리 양식장에서처럼 가둬 키우면서 소리음향 학습을 시킨다. 즉 먹이를 주기 전에 일정한 소리를 내서 새끼 물고기들이 모이게 한 후 먹이 주는 것을 반복하는 것이다. 2~4주일이 지나면 새끼 물고기들은 소리에 길들여진다. 이렇게 조건반사를 갖게 한 다음 새끼 물고기들을 바다목장 해역에 풀어 준다. 음향급이기를 통해 미리 설정한 시간에 소리를 내면 물고기들이 모이게 되므로, 울타리 없이도 물고기들은 일정 시간에 모여 먹이를 먹게 된다. 음향으로 길들이는 이유는 소리 전달이 공기

중초당 340미터에서보다 물속초당 1500미터에서 더 잘 될 뿐만 아니라, 대부분 물고기들은 사람과 같이 좋은 청각 능력을 가지고 있기 때문이다.

음향급이기는 크게 물속에서 소리를 내는 부분음향 발생부과 먹이를 주는 부분사료 공급부으로 구성되어 있다. 그 밖에 음향급이기 작동을 위한 전원 공급부, 음향 발생부와 사료 공급부를 통제하는 조절부, 음향급이기의 자료를 분석하고 통제하는 육상 기지국 등으로 구성된다.

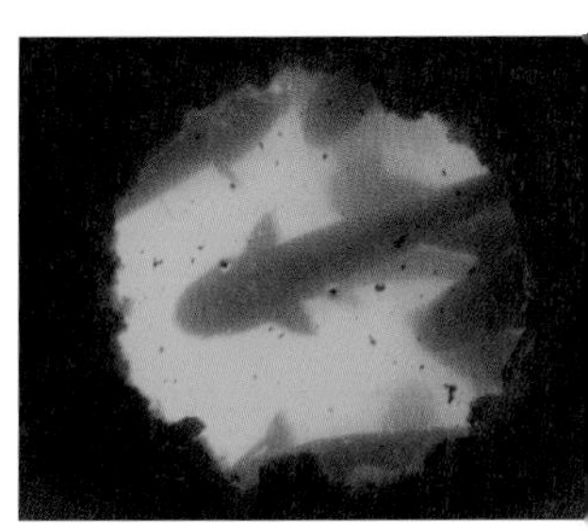

음향급이기 아래에서 먹이를 기다리는 숭어 (나가사키 목장)

그럼 음향급이기에서 이용되는 소리음은 어떤 것일까? 주로 특정 주파수를 가진 소리의 반복음을 많이 사용하는데, 이때 주파수는 200~1000헤르츠이고 소리의 크기는 135데시벨 정도다. 그 밖에도 비 오는 소리, 물방울 소리, 새우 소리, 먹이 주는 사람의 발소리 같은 자연음을 사용하기도 한다. 또 물고기들이 먹이 먹는 동안 내는 소리섭식음를 사용하기도 한다. 예를 들어 조피볼락은 먹이를 먹을 때 '쩝쩝' 하는 소리를 내는데, 이 소리를 녹음하여 음향급이기를 통해 조피볼락을 유인하는 데 사용할 수 있다.

알맞은 소리를 선정하여 먹이를 줄 때 들려주면서 어린 물고기들이 '음향 신호–먹이 공급'에 대한 조건반사 반응을 보일 때까지 훈련시킨다. 이때 훈련은 그물망으로 물고기를 일정 공간에 가두어 놓고 실시한다. 그리고 물고기의 상태를 관찰하여 훈련이 되었다고 판단되면 그물망을 제거하여 물고기를 바다에 풀어 준다. 이후 훈련에 사용한 소리로 물고기를 유인하여 먹이를 주는 등 방류어가 자연 환경에 적응할 때까지 일정 기간 동안은 관리할 수 있는 것이다.

음향순치에서는 물고기들이 기억을 얼마나 오래 하느냐가 중요한 문제다. 예를 들어 기계 고장 등으로 잠시 소리를 들려주지 못하는 동안 물고기가 소리에 대한 기억을 모두 잊어버린다면 음향순치의 의미가 없기 때문이다. 그래서 음향 학습은 기억과 지속을 의미하는 것이다. 참돔은 적어도 4개월간 기억이 지속됨을 확인하였다. 이는 바다목장에서 음향급이기의 활용이 일정 기간 동안은 유용하다는 것을 뜻한다. 감성돔을 대상으로 한 여수 바다목장에서도 적용하였다.

5_'만남의_장소'_만들어 주기,_인공어초_

사람은 학교에서 공부를 하든 직장에서 일을 하든 저녁이 되면 등을 대고 누울 집이 필요하다. 그리고 오랜 여행에서 돌아와서는 '집이 최고다!' 하며 휴식을 취할 곳이 필요하다.

사람과 마찬가지로 물고기에게도 쉼터가 필요하다는 것을 이용한 것이 바로 '만남의 장소', 즉 인공어초다. 물고기가 서식할 수 있도록 물속에 설치한 인공 구조물로 일종의 아파트를 분양해 주는 셈이다. 우리가 숲을 보호하기 위해 나무에 새집을 만들어 매달아 주는 것과 같은 이치며, 인공어초는 사람들이 만들어 주는 물고기의 집이라 할 수 있다.

그런데 사실 자연 상태의 어초는 '휴식할 수 있는 집'과 '먹을 것이 많은 식당'의 두 가지 역할을 동시에 하는 곳이란 표현이 정확하다. 바다 속에 동네 뒷산 같은 땅 덩어리가 불룩 솟아올라 있다고 생각해 보자. 바닷물이 흐르다 그곳에 부딪히면서 흐름이 바뀌어 소용돌이를 만들게 될 것이다. 그러면 물속에 녹아 있는 산소가 흩어지고,

이 신선한 산소를 좇아 플랑크톤이 모이게 된다. 그러면 플랑크톤을 먹이로 하는 작은 생물들도 자연스럽게 많아지겠고 그 뒤는 연쇄적이다. 작은 물고기가 모이면 그것들을 먹기 위해 큰 물고기가 모이고, 그러다 보면 자연스럽게 커다란 어장이 형성되는 것이다. 그래서 자원이 고갈된 바다에 생물자원을 늘이기 위해서는 어초를 잘 배치·관리해야 하는 것이다. 만약 자연어초가 없다면 인공어초를 만들어 비슷한 조건을 만들어 줄 수도 있다.

바다목장에 이용되는 어초는 자연어초와 인공어초로 나눌 수 있다. 인공어초는 대상 생물과 지형에 맞춰 여러 가지 모양으로 만드는데, 우리나라 연안에 설치된 인공어초는 형태와 기능에 따라 종류가 각기 다르다. 우리나라 인공어초는 형태별로는 사각형, 점보형, 육각형, 원통형, 반구형, 요철형, 육교형, 사다리형 등 50여 가지로 다양하다. 기능별로는 어류초와 패·조류초로 나눈다. 어류초는 물고기를 대상으로 수심 20미터 이상 되는 곳에 설치하고, 패·조류초는 조개류패류나 해조류를 대상으로 수심 20미터 이내에 설치한다.

인공어초는 다양한 재질로 만들어지는데 최근까지는

콘크리트 사각형 인공어초가 80퍼센트 이상을 차지하고, 기능별로는 어류용 인공어초가 약 90퍼센트를 차지하고 있다. 인공어초의 수명은 약 30~50년이고, 오랫동안 바다 속에 설치해도 물을 오염시키지 않는 친환경적인 요소를 강조한다.

그 외 오래된 선박을 바다에 집어넣어 인공어초로 활용하기도 한다. 영화에서 침몰된 배 안으로 잠수부들이 들어갈 때 많은 물고기가 놀라 달아나는 모습이 가끔 나오는데, 이는 바로 폐선박이 훌륭한 인공어초의 역할을 하고 있음을 보여 주는 것이다.

바다목장 사업에서는 해역별, 대상 생물별로 효과적인 시설을 개발하기 위하여 10여 종의 새로운 인공어초를 연구·개발하였다. 지금까지 여러 방법으로 시행한 조사에 따르면, 인공어초의 효과는 기본적인 여건에 따라 조금씩 다르지만 물고기 양을 대략 2~3배 증가시킨다는 결과가 나왔다. 통영 바다목장 해역에는 다양한 인공어초들이 설치되었다.

우리나라에 가장 많이 설치된 콘크리트 사각형 어초

① **콘크리트 사각형 어초** : 크기는 2×2×2미터, 한 개 무게는 3.38톤이고, 시설 기준량은 400×400미터 16만 제곱미터 넓이에 100개를 시설하도록 되어 있다. 제작이 쉽고, 조류가 소통하기 좋으며, 부착 생물의 서식 면적이 넓어서 바다생물의 생산을 증대하는 효과가 있다. 또 인공어초 단지를 조성하기가 쉽다.

인조 해조장

② **인조 해조장** : 자연 해조류 대신 폴리에틸렌으로 만든 인공 해조를 이용해 해조장을 제작한 것으로, 크기는 10×10×1미터다. 볼락류 새끼들이 정착하여 성장하기에 적합한 구조이며, 통영 바다목장에서는 어린 물고기의 성육장으로 좋은 구조라는 것이 입증되었다.

③ 2단 상자형 강제鋼製 어초 : 강철로 만든 대형 어류용 어초로, 크기는 10×10×10미터다. (주)포스코에서 통영 바다목장에 설치해 주었다.

2단 상자형 강제 어초

④ 연약 지반형 강제 어초 : 연약한 지반으로 인해 어초가 매몰되는 것을 방지하기 위한 강제 어초로, 크기는 10×10×2미터다. 통영 바다목장의 경우 모래와 진흙이 섞인 바닥에 설치되어 있지만 바닥의 구조 변경이 필요하다는 지적이 있다.

연약 지반형 어초

⑤ 목선 강제 복합 어초 : 어선의 수를 줄이는 감척 사업에서 나온 50톤급 목선을 강철과 복합시켜 만든 어초로, 크기는 26×16×6미터다. 선박의 내부, 외부 구조를 최대한 이용하여 물고기 집으로서 효과가 매우

목선 강제 복합 어초

뛰어난 것으로 나타났다. 다만 강철과 목재가 복합된 어초이므로 두 재료 간 수명의 차이에서 발생하는 문제가 있었다. 지금은 구조를 개선해서 목선의 수명이 다해도 남아 있는 철제가 완벽한 어초 구실을 할 수 있도록 보완되었다.

⑥ 상자형 어초 : 어류의 행동 습성 연구 결과를 응용해 만든 3×3×3미터의 소형 어초로, 기존의 사각형 어초보다 내부 구조가 복잡하다. 통영 바다목장에서는 상자형 어초가 수심이 깊고 바닥이 평탄한 해역에 일정한 간격으로 배치되었다. 볼락류 자원 조성을 위하여 수산과학원에서 개발하였다.

연안 다목적 어초

⑦ 연안 다목적 어초 : 연안의 바다숲을 인공적으로 가꾸고 볼락류, 쥐노래미 등의 어류와 전복 등의 패류를 동시에 증식시킬 수 있는 다목적 콘크리트 어초다. 크기는 2×2×2미터로 소형이다. 수심이 얕고 바닥이 평탄한 곳에 적합하여 위치 선정에 유의하여야 한다.

⑧ 팔각 반구형 강제 어초 : 외곽을 반구형돔형으로 만든 어류용 강제 어초로, 그물이나 통발과 같은 어구가 어초에 잘 걸리지 않도록 만들었다. 크기는 대형지름 13.5×높이 9미터, 중형12.8×6미터, 소형12.5×4미터, 그리고 개량형 네 가지가 있다.

팔각 반구형 강제 어초

⑨ 피라미드 강제 어초 : 볼락과 조피볼락의 수중 구조물에 대한 행동 습성 연구 결과를 기초로 하여 고안한 강제 어초로, 리본형 철재를 사용하여 볼락류가 서식하기 좋아하는 구조로 만들었다. 통영 바다목장에 가장 적합한 어초로 밝혀졌으며 크기는 10×10×7미터다.

피라미드 강제 어초

⑩ 굴패각 어초 : 굴패각을 사용한 강제 어초로, 어류와 패류 등 생물들이 은신하여 알을 낳기에 적합하도록 고안하였다. 크기는 5.2×5.2×3미터다.

삼각뿔 강제 어초

⑪ 삼각뿔 강제 어초 : 남해안 다도해 연안은 경사진 바닥이 많다. 경사진 바닥에서 구르는 반구형 콘크리트 어초의 결점을 보완하여 어느 각도로 설치해도 같은 구조를 갖도록 고안한 강제 어초다. 크기는 4×4×4미터이며, 연안의 수심 얕은 곳에 있는 어린 어류와 패류를 대상으로 한다.

6_인공어초_어디에_설치할까?_

_ 블루코너를 찾아서

드넓은 바다에서 인공어초를 어디에 설치할 것인가는 참 어려운 문제다. 이미 설치된 인공어초의 자원 조성 상태를 조사해 보면 같은 모양의 어초라 할지라도 설치한 위치에 따라 엄청난 차이가 나는 것을 볼 수 있었다. 이로써 육상에서 도시를 만들 때의 적지 조사와 마찬가지로 수중 세계에서도 물고기를 위한 적지 조사가 필요하다는 것을 알 수 있다. 또 인공어초 효과를 극대화하려면 물고기가 선호하는 해역에 설치하여야 한다.

물고기들의 세상인 팔라우 바다 속에는 다양한 어종이 떼를 지어 살아간다.

남태평양의 팔라우 공화국은 세계에서 가장 아름다운 바다를 갖고 있는 나라다. 열대바다 한가운데 떠 있는 조그만 나라지만 발달된 산호초와 빵처럼 생긴 록아일랜드가 아름다워 지구상 마지막 낙원이라 불

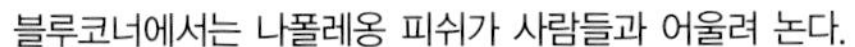

블루코너에서는 나폴레옹 피쉬가 사람들과 어울려 논다.

린다. 이 나라에는 전 세계의 수중사진 전문가들이 한 번씩은 다녀가는 유명한 다이빙 포인트가 많은데 그중에서 가장 유명한 곳이 블루코너Blue corner다. 팔라우 수도의 연안부두에서 블루코너에 가려면 쾌속 모터보트로 약 1시간 가량을 가야 한다.

팔라우는 산호초가 잘 발달된 나라라 연안의 특징이 다양하다. 그중에서 블루코너에는 어류가 가장 많이 모여 있어 언제 방문해도 엄청난 크기의 열대 놀래기인 나폴레

건강한 산호초와 바다생물들이 잘 보존되어 있는 팔라우 연안 물속

크고 작은 물고기들이 떼 지어 다니는 블루코너

옹 피쉬를 비롯하여 바라쿠다, 상어 등 다양한 열대어종을 만날 수 있다. 왜 이곳에만 많은 물고기가 모여드는 것일까? 산호초가 잘 발달된 곳 중에서도 블루코너는 강한 조류와 앞쪽으로 돌출되어 굽은 팔꿈치 모양 직벽수직에 가까운 암벽 등의 환경 조건이 늘 크고 작은 고기들을 모여들게 한다. 이런 조건을 가진 연안을 찾아서 인공어초를 설치해 유사한 환경을 만들 수만 있다면 우리나라 연안에도 블루코너를 만들 수 있지 않을까.

이런 모델의 현실화를 꿈꾸며 어초를 설치하기에 알맞은 곳을 선정하려면 우선 해당 해역의 수온, 수심, 조류, 지형 등 기초적인 환경 자료를 꼼꼼히 따져야 한다. 또 현지에서 오래전부터 살아 온 어부들에게 자문을 구하여 예전에 고기가 많았던 곳의 환경 특성을 조사하여 참고하기도 한다. 인공어초를 설치하는 목적은 바다생물의 생산력을 높일 수 있는 바다목장 환경을 조성하는 것이므로, 아래와 같은 조건에 맞는 지역을 선정하여야 한다.

첫째, 해역의 환경이 잘 보존되고 있으며, 바다생물이 알을 낳거나 어린 새끼들이 자라기에 좋은 조건을 가진 곳. 그리고 불법 어업 행위를 막을 수 있는 곳.

둘째, 어촌과 가까워 어업 장소로 이용이 편리한 곳.

셋째, 인공어초가 유실될 우려가 없는 바닥 조건을 갖춘 곳.

넷째, 자연적으로 어장이 형성되어 있는 곳과 유사한 환경을 가진 곳.

다섯째, 파도에 의한 바닷물의 흐름이 빠르고 바닥 퇴

적물이 오염되지 않아 수질이 양호한 곳.

그러나 인공어초를 바다 속에 설치하는 것으로 모든 일이 끝나는 것은 아니다. 인공어초는 설치뿐 아니라 철저한 관리도 중요하기 때문이다. 그래서 적당한 지역에 적당한 수의 인공어초가 투입되었는지, 투입된 인공어초가 예상한 위치에 자리 잡았는지, 땅이 꺼지거나 물살에 의해 유실된 인공어초는 없는지, 그리고 최종적으로 인공어초로서 제대로 구실하는지를 주기적으로 점검하여야 한다.

이를 위해 주요 지점마다 무인 등대와 같은 부표를 설치하고 한 달에 한 번씩 정기적으로 조사한다. 부착 생물의 생태와 물고기가 모여 있는 정도를 표본 조사하고, 수중 촬영이나 잠수 조사를 통해 인공어초의 보존 상태나 관리 등 모든 문제점을 검토한다.

보호수면을 표시하는 부표

바다목장 해역 안의 인공어초 관리에서 가장 중요한 것은 '보호수면'을 지정하는 일이다. 보호수면이란 수산자원의 보호를 위하여 어업을 제한하는 구역을 말하는데, 어민들이 인공어초를 설치한 해역에서 무분별하게 물고기를 잡아들이면 바다목장이 형성되기도 전에 물고기가 다 없어질 수 있기 때문에 보호수면은 꼭 필요하다. 2000년 제정된 「수산자원보호법」에 따라 바다목장 시범 해역에 보호수면이 지정되어 그 안에서는 어로 행위가 금지되었다. 2005년에는 보호수면을 제외한 모든 바다목장 해역이 '수산자원 관리수면'으로 지정되어 어민들 스스로 자원을 보호하면서 관리하게 되었다.

_ 또 하나의 삶터, 바다숲 만들기

사람들이 숲에서 많은 것을 얻고 휴식을 취하며 심지어 병든 몸을 치유하듯이, 바다생물에게도 바다숲은 매우 중요하다. 물론 바다에서는 1차 생산자인 식물플랑크톤이 있기에 육상의 숲과 기능이 같지는 않다.

물고기를 비롯한 많은 바다생물이 바다숲에서 번식하고 어린 시절을 보낸다. 그러므로 제대로 된 바다숲을 조성하면 바다생물에게 좋은 환경의 서식처를 제공하는 것이 된다.

바다숲 만들기란, 지구온난화나 환경오염으로 인해 바다숲이 사라지면서 바다생물의 삶의 터전이 없어지는 것을 막기 위한 것으로, 자연 해조류나 인조 해조류를 이용해 바다 속에 인공적으로 숲을 만들어 주는 것이다. 바다숲은 태양 에너지를 흡수하여 바다의 1차 생산력을 높여 줄 뿐만 아니라 수많은 바다생물에게 직접적인 생활 터전을 제공하여 산란장, 은신처, 성육장의 역할을 하기 때문에 연안 어업의 생산성을 높이는 역할도 한다.

바다숲을 만들 때 자연 해조류로 만든 어초는 태양 광선이 충분히 투과하는 얕은 연안에 설치하여야 한다. 통영의 경우 그보다 깊은 수심 10미터 이하에는 폴리에틸렌으로 만든 인조 해조어초를 설치하였다. 해조류를 선택할 때는 다음과 같은 조건에 맞도록 하여야 한다.

첫째, 바다숲은 그 조성 목적에 따라 선정하는 해조류가 달라진다. 바다숲은 경제적인 가치를 추구하기 위한 것, 유용 자원을 증식하기 위한 것, 생태계 물질 생산과 바다생물의 서식 공간을 위한 것 등으로

폴리에틸렌으로 만든 인조 해조

1 2
3

1 다시마로 만든 바다숲에는 볼락 떼가 모여 산다. 2 바다숲은 위치에 따라 어린 물고기 성육장 역할도 하고 어미고기 산란장 역할도 한다. 3 괭생이모자반은 키가 큰 모자반류로 겨울철 남해 연안에서 흔히 볼 수 있다.

나눌 수 있는데, 그 목적에 따라 그에 적합한 해조류를 선정하여야 한다. 참고로 통영 바다목장에서는 감태, 곰피, 모자반류 등으로 바다숲을 조성하였는데 그 결과는 위치에 따라 다르지만 기대했던 만큼 좋지는 않았다.

겨울철에 연안에서 자라는 대형 모자반은 볼락을 비롯한 어류들에게 좋은 서식처를 제공한다.

둘째, 바다숲을 유지하는 데 드는 노력과 비용이 부담스럽지 않은지 판단하여야 한다. 어렵게 바다숲을 만들었는데 그것을 유지하는 데 지나치게 많은 비용이 든다면 문제가 된다. 다년생 해조류는 일년생 해조류보다 유지비용이 적게 들고 일 년 내내 숲을 이루므로 효과가 크다. 하지만 수명을 다한 해조가 죽은 뒤 다시 동일한 바다숲을 만드는 과정에는 아직도 기술적인 문제가 많이 남아 있다.

: 바다목장 조감도

환경 관측 부이 수온, 염분, 영양염류 등 바다목장 해역의 환경 요소들을 실시간으로 측정하여 관리소에 보내고 기록하는 '해상 자동 환경 측정 장치'다.

음향급이기 중간 육성 단계 이후 음향에 길들여진 물고기들을 방류한 후 일정 기간 동안 음향으로 모아서 인공 사료를 주면서 자연 환경에서 충분히 적응하도록 도와주는 장치다.

종묘 배양장 바다목장 해역에 방류할 건강한 종묘를 전문적으로 생산하는 육상 종묘 생산 시설이다.

어미 고기 양성장 종묘 생산에 사용할 건강한 혈통의 어미 고기들을 집중 관리하는 해상 가두리 시설이다.

낚시터, 외줄낚시 어장 바다목장 해역의 외곽에 대형 인공어초 어장을 조성하여 어민들이 이곳에서 상품성 있는 물고기를 잡을 수 있도록 한다.

어미 고기 서식장 어미(3~5세)들이 서식하면서 계속 번식할 수 있도록 대형 어류용 어초를 배치하여 인공적인 서식장을 조성해 준다.

중간 육성장 육상 배양장에서 생산된 치어들을 일시적으로 중간 육성할 수 있도록 만든 해상 가두리 시설이다. 이곳에는 야간 점등 시설, 음향순치 시설, 치어와 어미 고기 관리 가두리, 사료 창고, 실험실과 같은 시설이 있다.

어린 고기 성육장 0~1세 물고기가 건강하게 성장할 수 있도록 수심 10미터 전후의 해역에 소규모 어초를 배치하고 바다숲을 조성해 준다.

바다목장의 식구들

시범 바다목장의 대상어종은 지역별로 각기 다르다. 통영은 조피볼락·볼락, 여수는 돌돔·감성돔·황점볼락·볼락, 서해안은 조피볼락·넙치·바지락·갑각류, 동해안은 가자미·전복·가리비, 그리고 제주도는 돌돔·자바리지방명: 다금바리·쏨뱅이·전복 등이다.

통영 바다목장에는 주 대상어종이었던 볼락과 조피볼락 외에도 감성돔, 넙치, 전복 등을 방류하였다. 바다목장에는 그 외에도 계절에 따라 다양한 어종들이 함께 살고 있다.

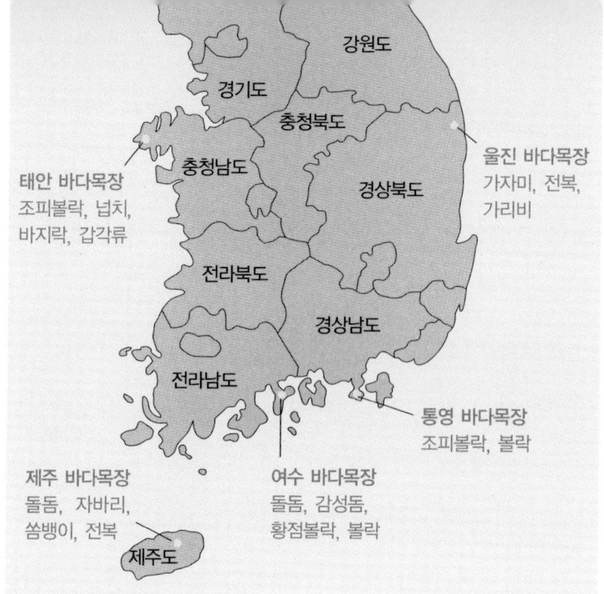

각 지역 바다목장의 주요 대상어종

1_볼락 학명 : *Sebastes inermis*

볼락은 지방에 따라서 뽈락, 뽈라구, 우럭 등으로 부르는데, 잡아 올렸을 때 아가미 뚜껑이 벌어져 마치 빰뽈이 부푼 것처럼 보인다 하여 붙여진 이름인 듯하다. 볼락은 바

위가 많은 곳에 사는 특성이 있어 영어로는 '검은 줄무늬가 있고 바위에 붙어사는 물고기dark-banded rockfish'라는 뜻의 이름으로 불린다.

주로 밤에 활동하는 야행성 물고기로 눈이 큰 것이 특징인데, 입은 뾰족하고 아래턱이 위턱보다 약간 길다. 빛깔은 서식 장소나 깊이에 따라 변화가 심하여, 수심 수 미터의 얕은 곳에 사는 것은 회갈색이지만 깊은 곳에 사는 것은 붉은빛을 많이 띤다. 암초 지대물속 바위나 산호 지역 그늘에 숨어 사는 대형 볼락은 검은빛을 많이 띠어 '돌볼락'이라고도 부른다. 타원형 몸에는 5~6개의 불분명한 검은색 가로띠가 있고, 눈 아래쪽에 2개의 강한 가시가 있으며, 아가미 앞쪽 뚜껑 가장자리에는 5개의 가시가 있다. 크기는 보통 20~25센티미터이며 큰 것은 30센티미터가 넘는다. 우리나라 동해, 서해, 남해에 서식하며 일본 홋카이도 이남에 분포한다.

어미 한 마리가 갖는 알의 수는 몸 크기가 클수록, 나이가 많을수록 많아지는데, 2년생은 5천~9천 개, 3년생은 3만 개, 나이를 더 먹으면 8만 5천 개까지 증가한다. 암컷과 수컷의 성 비율도 연령에 따라 달라지는데, 1세에는 대개 1:1의 비율을 보이다가 2~4세에서는 암컷이 55~60퍼센트 정도로 많아지고, 5세에는 암컷이 거의 대부분90퍼센트을 차지하게 된다.

볼락은 암컷과 수컷이 짝짓기를 하여11~12월 암컷 뱃속에 알을 부화시킨 후 새끼를 낳는 난태생卵胎生이다. 볼락류의 수컷은 항문 뒤쪽에 끝이 돌출된 간단한 교미기성기가 있다. 암컷과 수컷은 서 있는 자세로 서로의 배를 밀착시켜 짝짓기 하는데, 정자는 암컷의 난소 속에 들어가 일정 시간을 기다렸다가 12월이나 1월경 알이 완숙해지면 그때 수정이 된다. 어미 뱃속에서 발생하여 부화한 새끼는 1~2월 사이에 어미 몸 밖으로 나오는데, 4~6밀리미터 크기의 눈만 반짝이는 새끼들이 마치 구름 모양으로 흩어져 나온다.

새끼들은 약 한 달간5~6센티미터 크기가 될 때까지 수면 근처의 해조류 그늘이나 연안의 부표 등 시설물 주위를 떠다니다가 그 후 바닥 부근의 암초나 해조 지대에 머물면서 떼를 지어 살아간다. 어른성어이 되면 어릴 때만큼 큰 무리는 짓지 않으나 수십 마리씩 떼를 지어 다니며, 머리를 위로 한 자세로 쉰다. 어릴 때에는 낮에도 활발히 활동하지만 성어가 되면 야행성이 강해진다.

볼락은 성장 단계에 따라 서식 장소가 바뀌고, 그에 따라 식성도 바뀌어 새우, 게, 갯지렁이, 오징어, 물고기 등을 먹는 전형적인 육식성이 된다. 크기가 6센티미터 미만인 어린 볼락은 주로 해조류가 많은 곳에 떠다니는 소형 갑각류새우, 곤쟁이류 등를 먹으며 성장하고, 암초 지대로 옮겨 살면서부터는 주로 밤에 작은 플랑크톤과 새우, 게, 갯지렁이 등을 먹는다.

남해안에서 맛있는 어종으로 인정받던 볼락은 경상남도가 도어道魚로 지정해 한국 최초로 도道를 상징하는 물고기가 되었다.

2 _ 조피볼락 학명: *Sebastes schlegeli*

조피볼락은 '우럭'이란 이름으로 더 잘 알려진 물고기다.

크기가 70센티미터까지 성장하기 때문에, 덩치가 작은 볼락류 중에서는 대형어에 속한다. 모양이나 색깔이 볼락류 가운데 가장 거칠게 보여서 '거칠거칠한 껍질'을 뜻하는 '조피'라는 이름이 붙지 않았을까 추측된다.

몸은 긴 타원형으로 납작하며 짙은 회갈색이나 청흑색을 띤다. 몸 옆에는 분명치 않은 흑갈색 가로띠가 있고, 눈에서 뒤쪽으로 비스듬하게 2줄의 흑색 띠가 있다. 아가미뚜껑의 앞 가장자리에는 볼락류의 공통적인 특징인 5개의 매우 강한 가시가 있다.

조피볼락은 수심 10~100미터 사이의 연안 암초밭에 주로 서식한다. 비교적 차가운 물을 좋아하여 제주도를 제외한 우리나라 동해, 서해, 남해에 널리 서식하는데, 특히 서해안에 많다. 일본 홋카이도 이남, 중국 북부 연안, 보하이 해에서도 살고 있다.

조피볼락은 난태생으로 겨울에 짝짓기 하는데, 수컷은 항문 바로 뒤의 조그만 생식기를 암컷의 생식공에 밀착해서 정자를 암컷의 몸속으로 보낸다. 이 행위는 몇 초의 짧은 시간 안에 이루어지며, 암컷의 몸속으로 들어간 정자는 난소 안에서 약 한 달간 기다렸다가 수정이 된다.

몸길이가 약 50센티미터인 어미는 이듬해 봄에 약 40만 마리의 새끼를 낳는다. 몸길이가 5~7밀리미터 전후인 새끼들은 수면 가까운 곳으로 떠올라 생활한다. 어린 새끼들은 해조가 많은 연안의 수면을 헤엄쳐 다니면서 성장하다가 10센티미터 이상으로 자라면 점차 깊은 곳으로 이동한다. 주로 물고기를 잡아먹으며어식성, 그 외에 새우, 게 등 갑각류와 오징어류도 먹는다.

3 _ 참돔 학명: *Pagrus major*

참돔은 '진짜 도미'라는 뜻이다. '돔'은 '도미'의 준말로, 몸이 타원형이고 납작한 도미과科 물고기를 통틀어 일컫는 말이다.

참돔은 납작한 타원형으로 전형적인 도미류 형태이

며, 몸빛은 선홍색이고 등 쪽에 금속성 광채가 나는 청록색 반점이 있다. 살아 있을 때는 눈 위와 배, 뒷지느러미와 꼬리지느러미 쪽이 청색 빛을 띠어 몸통 옆면의 청록색 점과 함께 환상적인 색채를 발한다. 또한 어릴 때는 선홍색 바탕에 다섯 줄의 붉은색 띠가 나타나지만 성장하면서 차츰 없어진다. 산란기에는 검은빛이 짙어진다.

몸길이가 1미터가 넘게 자라면서도 선홍빛 바탕에 푸른 광채의 점이 있는 몸 색깔이 변하지 않고 그대로 아름다움을 지녀 '바다의 여왕', '바다의 왕자'라는 별명을 갖고 있다. 맛도 뛰어나 횟집에서 인기가 좋다.

참돔은 아름다운 색채와 매끈한 체형, 고급 육질로 인해 옛날부터 '참[眞]' 자를 붙여 참돔, 참도미, 진도미어眞道味魚로 불렸으며, 이 외에도 강항어强項魚, 『자산어보』, 독미어禿尾魚, 『전어지』, 도음어都音魚, 『경상도지리지』 등으로 기록되어 있다. 또 도미道尾, 道味, 돔, 돗도미강원도, 상사리전라남도, 배들래기어린 돔, 제주도, 고다이어린 돔이란 뜻의 일본어, 경상남도, 아카다이붉은 돔이란 뜻의 일본어, 경상남도 등 지방과 성장 단계에 따라서 여러 가지 이름을 갖고 있다. 영어로는 역시 몸빛깔이 붉어 '레드 시 브림red sea bream'으로 불리며, 일본에서는 '마다이'라고 하는데 이 또한 진짜 도미란 뜻이다. 참돔은 감성돔처럼 성전환 현상이 없고 치어 때부터 암수 구별이 된다.

우리나라를 비롯해 일본, 중국, 타이완 등지에 널리 분포하고 있는데, 특히 우리나라 남해와 제주도 근해에 많은 수가 살고 있다. 참돔이 살기에 알맞은 수온은 섭씨 15~28도이며, 겨울철에는 섭씨 10도 이상 되어야 하므로 남해안의 깊은 곳이나 제주도 근해로 이동하여 겨울을 난다. 조류의 흐름이 좋고 바닥에 암초나 자갈이 많은 곳을 좋아하는데, 산란기를 제외하고는 수심이 30~150미터인 먼 바다 암초 지대에 주로 산다.

암컷은 몸길이 33센티미터, 수컷은 22센티미터 정도가 되면 알을 낳을 수 있다. 만 2년생부터 어미가 되기 시작해 3년생이면 약 50퍼센트가 어미로 자라고, 4년생이 되면 모두 어미가 된다. 알을 낳기 좋은 곳은 수온이 섭씨 17~21도 정도인 자갈 또는 암석이 섞인 바닥이며, 우리나라 남해안에서는 4~7월경에 알을 낳는다.

한 마리가 갖는 알의 수는 나이와 크기에 따라 달라지는데, 몸길이 40센티미터5년생 암컷이 13만여 개, 50센티미터[7년생]면 90만여 개, 70센티미터[13년생]면 260만여 개의 알을 낳는다. 알은 둥글고 투명하며 지름이 0.8~1.2밀리미터인데, 산란 후 흩어져 바다 수면 위를 떠다닌다.

수정된 알은 섭씨 20도에서 약 40시간, 섭씨 15도에서 약 58시간 만에 부화한다. 부화 직후 몸길이는 2~2.3밀리미터이며, 눈과 입이 발달하지 못한 채 바다 위를 떠다니다가 어미의 형태를 닮은 치어로 성장한다.

참돔은 태어난 지 1년이 지나면 손바닥 크기로 자란다. 자연에서는 4~5년 만에 몸길이 35~45센티미터, 몸무게 1킬로그램 전후로 성장하고, 10년이 지나면 60센티미터 전후에 4~5킬로그램으로 성장한다. 참돔의 수명은 대개 20~30년인데 그 가운데는 50년 넘게 사는 것도 있어 물고기 중에는 장수하는 종이다. 참돔은 갯지렁이, 새우, 작은 물고기 등을 먹는다.

4 _ 감성돔 학명: *Acanthopagrus schlegeli*

감성돔은 몸이 타원형이고 납작하며 주둥이가 약간 튀어나와 있는데 도미류와 비슷한 모양이어서 체형으로는 다른 돔과 구별하기가 어렵다. 감성돔의 특징은 몸 색깔에 있는데 등지느러미 쪽은 금속광택을 띤 회흑색인 데 반해서 배 부분은 연한 색이다. 비늘은 피부 노출 부위에 작은 가시들이 있는 '빗비늘'이며, 두 눈 사이와 아가미 뚜껑 아랫부분에는 비늘이 없다. 몸 옆에는 세로로 그어진 가늘고 불분명한 줄무늬가 있다.

감성돔의 생태적 특징 중 가장 특이한 것은 성전환을 한다는 것이다. 감성돔은 어릴 때 난소와 정소를 같이 가지고 있다가 20센티미터 정도로 자라면 성이 분화되기 시작하여 25~30센티미터2~3년생가 되면 모두 수컷이 되거나 수컷 역할을 하게 된다. 이후 태어난 지 4년이 되면 최초로 암컷이 나타나기 시작하여 그 후 점차 암컷의 비율이 높아진다. 드물게는 2년생 암컷이 나타나기도 하지만 그 수는 극히 적다. 따라서 감성돔은 나이 어린 수컷과 나이 많은 암컷이 만나 알을 낳는 것이다. 암컷 한 마리가 낳는 알의 수는 나이에 따라서 다르지만 대개 10~20만 개다. 이런 성전환이 일어나는 이유는 정확히 알 수 없으나 번식 전략이 진화하여 나타난 결과라고 생각된다.

감성돔은 바다가 육지로 깊숙이 들어간 조용한 연안에서 주로 알을 낳는데 남해안의 득량만, 강진만, 순천만, 여자만, 고성만 등지가 대표적이다. 새끼들은 5~7월에 연안의 해조가 무성한 얕은 곳에 많이 나타나며, 떼를 지어 다니다가 가을이 되면 서서히 깊은 곳으로 이동한다.

감성돔은 우리나라 가까운 바다 전역에서 볼 수 있는데 일본 홋카이도 이남, 규슈, 동남 중국해, 타이완 등지에도 널리 분포하고 있다.

감성돔은 새우, 게, 갯지렁이, 조개, 소형 갑각류, 물고기와 같은 다양한 먹이를 먹으며, 해조류도 약 10종류가 감성돔의 위 내용물에서 확인되는 것으로 보아 해조도 먹는 것으로 생각된다.

5 _ 돌돔 학명: *Oplegnathus fasciatus*

'물속에도 천하장사가 있을까?', '연안에 살고 있는 물고기 중에서 가장 힘이 센 물고기는 어떤 종일까?' 하고 질문을 던진다면 아마도 가장 먼저 떠오르는 물고기가 돌돔일 것이다. '바다의 황제', '환상의 고기', '갯바위의 제왕' 같은 숱한 별명을 가지고 있을 정도니 말이다.

돌돔은 이름 그대로 돌밭, 즉 바다 밑 해조가 무성한 암초 밭을 누비며 살아가는 물고기다. 새의 부리처럼 독특하게 생긴 강한 이빨로 조개나 고둥의 단단한 껍데기를 부수고 잡아먹는다. 마치 앵무새의 부리와 닮은 이빨을 가졌다 하여 영어로는 '앵무새 물고기parrot fish', '칼턱knifejaw'이라고도 하고, 또 몸에 줄무늬가 있고 입이 검다 하여 '줄무늬 도미striped porgy', '검은 입black mouth'이라고도 부른다. 일본에서는 우리나라의 이름과 같은 뜻으로

'이시다이'라 부른다. 그리고 어릴 때에는 노란색 바탕에 아홉 개의 검은 줄무늬를 가진다 하여 아홉동가리경상남도 또는 시마다이일본 방언라고도 하며, 그 밖에 지방에 따라 청돔충청남도, 갓돔, 갯돔, 돌톳제주도 등으로도 부른다.

돌돔이 다른 물고기와 가장 구별되는 점은 역시 새 부리 모양의 이빨이다. 돌돔은 몸높이가 높은 타원형에 납작한 모양이다. 어릴 때는 노란색 바탕이지만 성장하면서 회청색으로 바뀌며 바탕에 일곱 줄의 검은 가로띠가 뚜렷해진다. 이 가로무늬는 나이가 들면서 희미해지며 점차 그 수도 줄어든다.

돌돔은 태평양과 인도양의 따뜻한 연안 암초 지대에 분포하고, 전 세계적으로 일곱 종이 알려져 있으나 우리나라와 일본 연안에는 강담돔*O. punctatus*을 포함해 두 종만 분포한다. 이 두 종끼리는 서로 교잡이 가능하여 잡종이 생기기도 하므로 진화학적, 생물학적인 측면에서 매우 흥미로운 사실이라 할 수 있다.

돌돔은 어릴 때 일시적으로 수면에 떠서 플랑크톤과 같은 생활을 하지만, 성장하면서는 암초가 많은 바닥으로 내려가 일생을 살아간다. 먼 거리를 회유하는 이유는 자세히 알려져 있지 않다. 손바닥 크기의 돌돔 새끼가 동해안 어장에서 대량 잡힌다든지, 부산항과 같은 항구 부근에 떼를 지어 나타나기도 하는 것으로 미루어 보아 어릴 때에는 떼를 지어 상당한 거리를 이동하는 것으로 추측된다.

돌돔은 태어난 지 만 2년이 되면 성숙하여 알을 낳으며수컷은 1년 만에 성숙하는 것도 있다, 그때의 크기는 약 25~30센티미터다. 수온이 섭씨 20도 이상으로 상승하는 늦은 봄부터 초여름 사이에우리나라 남해안은 6~7월 암수가 만나 알을 낳는데, 해가 진 후 초저녁 몇 시간 만에 수회에 걸쳐 산란한다. 알은 지름이 0.7~0.9밀리미터평균 0.85밀리미터이고, 무색투명하며, 지름이 0.2밀리미터인 기름방울유구 油球을 하나씩 갖고 있다. 수정된 알은 물 위에 하나씩 분리되어 떠 있으며, 수온이 섭씨 17~21도인 범위에서 약 32~35시간 만에 부화한다.

물 위에 떠서 살아가던 돌돔 새끼는 성장하면서 점차 헤엄치는 힘이 발달하여 이동할 수 있게 되며, 길이 1센티미터 정도로 자라면 바다 수면에 떠다니는 해조류주로 모자반류나 잘피바다 식물, 밧줄, 폐그물과 같은 물체 아래에 모여 산다. 이 시기의 돌돔은 황갈색을 띠는데, 이것은 황갈색을 띤 해조류 아래에서 살아가는 적응, 즉 일종의 보호색이라 할 수 있다. 통영이나 여수 바다목장에서는 여름철이 되면 많은 수의 새끼들이 떠다니는데 해조류 아래에 모여 성장하는 것을 볼 수 있다.

돌돔은 호기심이 매우 강한 물고기로, 수영하는 사람을 따라다니며 입으로 쪼기도 하고, 기를 경우에는 수조의 방수 처리 부분을 물어뜯곤 하여 수족관에서는 문제아로 취급된다. 그러나 호기심 많은 성질 때문인지 기를 때는 사람과 쉽게 친해져서, 먹이 줄 시간에 사람이 가까이 가면 물 밖으로 입을 내밀고 먹이를 달라는 행동을 하기도 한다.

돌돔은 1~3센티미터 크기의 새끼 때는 곤쟁이나 새우를 먹지만, 이빨이 발달하면서는 큰 갑각류를 찾기 시작하고, 10센티미터 이상으로 자라면 해조류를 먹기도 한다. 15센티미터 이상이 되면 강한 부리 모양의 이빨이 위력을 발휘하여 성게, 따개비, 소라, 게와 같이 바닥에 붙어사는 딱딱한 생물의 껍데기를 부수고 속살을 꺼내 먹는다. 그러다가 만약 이빨 끝이 닳으면 그 아래에 있는 예비 이빨로 대체하니 날카로움을 잃지 않는 복을 타고났다. 돌돔은 60~70센티미터까지 성장한다.

6 _ 쥐노래미 학명: *Hexagrammos otakii*

쥐노래미는 몸이 약간 가늘고 길며 납작한데, 몸 색깔은 서식 장소나 개체에 따라 차이가 많다. 비늘은 작고, 눈의 위쪽과 후두부에 두 쌍의 피질 돌기가 있으며, 몸에 5개의 옆줄이 있는 것이 특징이다.

쥐노래미는 우리나라 모든 연안에 살고 있으며 홋카이도 이남을 비롯한 일본 전역, 중국의 보하이 해에도 널리 분포하고 있다. 연안 해역에 정착하여 서식하는 물고기로서 돌밭과 해조밭, 돌이 섞여 깔린 바닥에 주로 산다. 행동은 그다지 활발하지 않고 먼 거리를 돌아다니지도 않는다. 대부분 연안에서 살지만 큰 것은 수심 70미터 깊이에서도 산다. 배를 바위나 돌에 접촉한 채 바닥에서 생활하여 부레가 퇴화되었다.

쥐노래미는 암컷이 13~14센티미터 크기가 되면 성숙

하기 시작하여, 20센티미터2년 이상 정도가 되어야 알을 낳는다. 우리나라 연안에서는 수온이 섭씨 13~18도 범위로 유지되는 늦가을부터 초겨울 사이에 알을 낳는다. 한 마리가 갖는 알의 수는 몸길이 23센티미터가량일 때 5천~6천 개, 35센티미터면 1만~2만 개 정도다. 알을 낳을 때가 되면 수컷이 암컷을 유인하여 산란한 뒤, 암컷은 떠나고 수컷만 남아서 알을 지킨다. 통영 바다목장의 다목적 인공어초 안에 수정난을 붙이고 지키는 쥐노래미를 매년 만날 수 있다.

쥐노래미 알은 둥글고 끈적거리며, 지름은 1.8~2.2밀리미터다. 색은 담황갈색, 담황자색 등으로 다양하며, 알 속에 많은 기름방울이 있다. 산란된 알은 덩어리를 이루어 해조류의 줄기나 뿌리 부근, 바닥 암초의 굴곡진 부분에 붙어 지낸다.

수정란은 섭씨 15.5도 수온에서 23일째부터 부화한다. 갓 태어난 새끼들은 등에 푸른색을 띠며 바다의 수면을 떠다니다가, 봄철에 5센티미터 정도가 되면 몸이 갈색으로 바뀌면서 바닥으로 내려가 생활한다. 부화 후 만 1년 만에 15센티미터 전후로 자라며, 2년 후에는 22센티미터,

3년 후에는 25~29센티미터, 4년 후에는 30~38센티미터 정도로 자란다.

쥐노래미는 작은 새우, 게, 지렁이, 물고기망둥어와 같이 바닥에 사는 동물성 먹이를 주로 먹지만 해조도 먹는 잡식성이다.

바다목장의 침입자들

바다목장에서 살고 있는 다양한 연안 생물 중에는 대상어종의 자원 조성을 방해하는 생물들도 있다. 중간 육성 중인 어린 새끼들을 노리는 수달, 황새 등과 불법어업을 하려는 사람들이다. 그중 특히 어민의 애를 먹이는 게 수달이다. 수달은 천연기념물로 지정하여 국가적으로 보호하는 동물이지만, 바다에서 양식을 하는 어민들에게는 애써 키운 물고기를 훔쳐 가는 도둑이기도 하다. 밤이 되

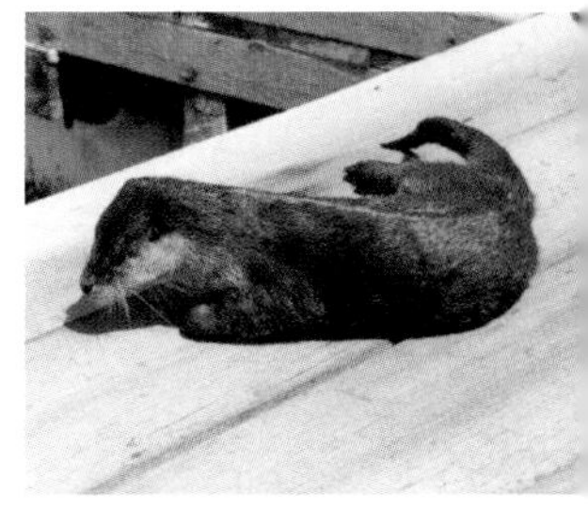

남해안 섬에 사는 수달은 먹이를 구하기 위해 바다목장을 자주 찾는다.

면 육지의 은신처에서 나와 바다 위 가두리 양식장까지 헤엄쳐 가서는, 가두리 속에 있는 물고기들을 잡아먹고 아침이 되기 전에 돌아가곤 한다. 애써 키워 놓은 물고기를 빼앗기지 않으려는 어민과 몰래 잡아먹으려는 수달의 신경전이 계속되어 왔다.

바다목장은 해상 가두리 양식장처럼 수달에게 집중적인 공격을 받지는 않지만, 자연으로 방류하기 전에 어린 새끼들을 중간 육성하는 일정 기간 동안은 가두리를 그물로 덮어서 수달이 들어가지 못하게 조치하여야 한다. 작업상 여러 가지로 귀찮은 일인지라 다른 방법을 강구하고 있지만 아직은 뚜렷한 대책이 없는 실정이다.

또 왜가리와 같이 커다란 새들이 이른 새벽에 날아와 작은 물고기를 쪼아 먹는 것도 여간 골치 아픈 일이 아니다. 가두리 위에 몇 줄의 낚싯줄을 쳐 놓으면 날개가 걸려 놀라서 도망가곤 하지만 역시 완벽한 대책은 아니다.

물속에서는 바다숲을 훼손한 침입자도 있었다. 독가시치란 물고기인데 제주도에서 '따치'로 불리는 초식성 종이다. 어린 독가시치들이 난류를 따라 통영 연안에 떼로 몰려와 바다숲을 망가뜨린 사건이 있었다. 독가시치들

1 바다목장에 몰려온 어린 독가시치 떼가 바다숲을 망가뜨렸다. 2 가는 줄기만 남기고 큰 엽체는 모두 떨어져 나간 곰피 1 2

은 통영 바다목장에 흔한 대형 갈조류인 곰피를 모두 잘라 먹었다. 당시 연안의 곰피밭이 일시적으로 사라졌지만 생명력이 강한 곰피는 다시 무럭무럭 성장하여 1년도 채 지나지 않아 원래의 숲을 이루었다.

그러나 뭐니 뭐니 해도 바다목장을 비롯한 연안 어장에서 수산자원이 늘어나는 걸 방해하는 가장 큰 적은 불법어업이다. 허가 받지 않은 장비와 방법을 이용해 작은 새끼나 알을 가득 밴 어미들을 마구잡이로 잡는 것은 막아야 한다. 예를 들어 그물코가 아주 작은 그물이나 통발을 사용하면 어린 물고기들이 미처 자라기도 전에 잡힌다.

그 외 지금은 거의 자취를 감추었지만 일명 '고대구리'라 불리는 소형 저인망 어선은 그 폐해가 아주 심각하였다. 촘촘한 저인망 그물로 바다 밑바닥을 훑고 다니는 이 어업은, 작은 새끼들은 물론 대상 생물이 아닌 많은 해양

생물종까지 함께 잡아서 자연 생태계의 파괴를 부른다.

이 외에도 애써 가꾸어 놓은 바다목장 안에서 스쿠버 다이버들이 불법으로 고기를 잡는 경우도 있었다. 어미들이 새끼를 낳아야 하는 시기에 집중적으로 잡아 버리면 물고기의 자연 증식을 가로막게 되고, 나아가 바다목장의 어미가 줄어들어 물고기 수를 유지하기 어렵게 된다. 허가된 수면에서 허가된 방식으로 적당한 양을 잡는다면 항상 풍요로운 바다목장을 가꾸어 나갈 수 있을 것이다.

바다목장 관리하기

바다목장을 보러 오는 사람들은 '여기서 낚시할 수 없나요?' 하고 묻기도 한다. 지금은 보호수면으로 지정되어 물고기를 잡는 게 금지되어 있지만, 이런 바다목장이 전국으로 확산되어 자원이 다시 예전처럼 풍부해진다면 나중에는 물론 낚시도 할 수 있을 것이다.

바다목장 사업은 말 그대로 연안의 수산 생물자원을 회복시켜 잘 관리하는 것이다. 1998년에 통영 앞바다에서 시범 바다목장 사업을 추진하면서 연구진은 수중에서 각종 실험을 시도하고 그 결과를 분석하면서 사업의 규모를 늘려 나갔다.

물속 암초에 서식하는 볼락류의 서식 여건을 파악하고

육상 수조에서 여러 가지 행동 실험을 거치면서 파악된 자료들은 바다목장에 설치될 인공어초를 만드는 기본 구조로 활용되었다. 다양한 실험 구조물을 바다목장에 설치하고 장기간 관찰하면서 인공어초의 설치 장소와 배치 방법 등에 대해 통영 바다목장에서 실험하였기에 그 어느 해역보다 빠른 속도로 자원이 회복되었다.

돌이켜 보면 해조가 자라기 어려운 수심대에는 인공해조로 만든 구조물로, 조류가 빠른 곳에는 하루 종일 은신처의 역할을 할 수 있는 육성용 어초를 배치하고, 경사가 급한 곳은 삼각뿔의 구조를 가진 삼각뿔 어초를 설치해 왔다. 그동안 인공어초 사업에서 정밀하게 조사하지 못하였던 적지 판단, 어초 선정, 수중 배치 후의 모니터링 등 다양한 분야까지 일일이 과학적인 실험 결과에 의존하면서 사업을 진행하였기에 바다목장의 목표에 보다 가까이 도달할 수 있었던 것이 아닌가 생각된다.

통영 연안은 암반이 발달한 일정 수심대를 벗어나면 뻘과 모래와 조개껍데기가 섞인 바닥으로 이루져 있고 특히 섬 주변은 경사가 급하여 인공어초를 설치하기에 여러 가지 어려움이 많다. 한편 대상어종인 볼락류는 조류가 잘 흐르는 바위 부근에 서식하는 습성이 있는데, 이러한 물속 환경을 잘 이해하여 각종 인공어초를 배치하였기에 자원의 증가 속도를 늘릴 수 있었던 것으로 판단된다.

1998년에 조사하였을 때 110톤에 불과하던 볼락류가 사업이 끝나던 2006년도에 750톤으로 증가한 것은 지난 30여 년간 시도된 자원 조성 사업에 비추어 보아도 기적이라 할 만하다.

이렇듯 늘어난 자원을 잘 관리하는 것이 중요한데 사업 종료 후 바다목장은 어떻게 관리하고 있을까? 우선은 바다목장 해역의 환경 변화를 감시하고 대상 생물의 동태를 파악하여야 한다. 왜냐하면 사업 추진으로 조성된 자원을 관리하지 않으면 원래의 상태로 돌아가거나 자원 수준이 현저히 낮아질 우려가 있기 때문이다. 또 사업 기간에 예상하지 못하였던 자원 변화들이 장기간에 걸쳐서 서서히 일어날 수도 있다.

바다목장의 관리란 지역민과 연구진이 함께 참여하여 연안 생태조사, 자원량 평가와 분석, 수중에 설치된 어초의 청소 등을 실시하는 것이다. 해역의 생태 환경을 파악하고 장기적인 계획 아래 관리하려면 바다목장의 대상 생물자원의 군집구조를 모니터링하여 자원량의 변동을 감시하여야 한다.

또 지정된 보호수면, 관리수면의 관리는 어민들 스스로 할 수 있도록 하고, 잡아들이는 수산 자원량을 정확히 기록하면서 바다목장을 이용하도록 하여야 한다. 연안의 수산자원을 어민들 스스로 관리하면서 이용하는 체제를 정착시키는 것이 바다목장을 건설하는 것만큼이나 중요한 일이기 때문이다.

닫는 글: 풍요로운 바다를 꿈꾸며

우리는 조상들로부터 무수한 해양 생물자원의 재생산력을 이용하는 지혜를 배워 왔다. 그러나 지난 세기 우리는 무분별한 어업과 부실한 관리로 자원이 고갈된 바다를 만들었다. 이제라도 바다를 살려야 후손들에게 풍요로운 바다를 물려줄 수 있을 것이다.

바다목장은 이러한 현실에서 만든 '우리 바다 살리기'의 새로운 이름일지도 모른다. 새로이 시도된 바다목장 사업은 지난 30여 년간 추진해 온 자원 조성 사업보다는 한 단계 높은 종합적인 사업이다. 환경, 자원 조성, 자원 관리 이용방법 등 다양한 분야의 전문지식과 지역민의 협조가 필수적인 바다목장 사업의 성공을 위해서는 바다에 대한 끊임없는 도전과 실험 정신을 기본으로 해역별 문제들을 해결하면서 꾸준히 추진하여야 한다.

바다는 늘 우리 곁에 있었지만 그 속을 알고자 노력하는 이에게만 기회와 열매를 준다는 것을 지난 10년간의 과정을 통해 배울 수 있었다. 우리 바다를 살리려는 노력으로 특정 생물의 자원 확보를 위한 과정에 필수적인 생물 생산, 생태학적 기술 개발 등의 조그만 결실도 얻었다. 바다목장 사업에서 여러 경험이나 시행착오를 겪으며 얻은 많은 연구 결과를 다른 해역의 사업에 접목시켜 계속 발전시킨다면 풍요롭고 잘 가꾸어진 바다를 후손들에게 물려줄 수 있을 것이다.

참고문헌

이순길 · 김용억 · 명정구 · 김종만, 『한국산어명집』, 한국해양연구원, 2006.

정문기, 『한국어도보』, 일지사, 1977.

정문기(역), 『자산어보 : 흑산도의 물고기들』, 지식산업사, 1977.

키키모토히로시 · 안희도, 『인공어초』, 2007.

한국해양연구소, 『제주도 남부해역의 생물상 연구』, 1995.

해양수산부, 『'98 통영해역의 바다목장 연구개발용역 사업보고서』, 1998.

해양수산부, 『전남 다도해형 바다목장 기반조성사업 연구용역 보고서 : 1단계 1차년도 보고서』, 2003.

해양수산부, 『동 · 서 · 제주해역 바다목장화 개발 연구용역 : 1단계 1차년도 보고서』, 2005.

해양수산부, 『통영해역의 바다목장화 개발 연구용역 사업보고서 : 3단계 2차년도 보고서』, 2007.

Christensen, V. · D. Pauly, 『Fish production, catches and the carrying capacity of the world oceans』, NAGA, the ICLARM Q., 1995.

FAO, 『Marine Ranching : Global Perspectives with Emphasis on the Japanese Experience』, FAO Fisheries Report. No. 943, 1999.

Howell, B. R. · E. Moksness · T. Svasand, 『Stock enhancement and sea ranching』, Fishing News Books, 1999.

縢谷超, 『海洋牧場』, 舵社, 1997.